형제가 함께 간

한국의 3대 트레킹

제주올레 한 달 완주기 편

형제가 함께 간

한국의 3대 트레킹

제주올레 한 달 완주기편(큰글자도서)

초판인쇄 2023년 1월 31일
초판발행 2023년 1월 31일

지은이 최병욱 · 최병선
발행인 채종준
발행처 한국학술정보(주)

주소 경기도 파주시 회동길 230(문발동)
문의 ksibook13@kstudy.com
출판신고 2003년 9월 25일 제406-2003-000012호

ISBN 979-11-6983-068-3 03980

형제가 함께 간

한국의 3대 트레킹

제주올레 한 달 완주기 편

최병욱 · 최병선 지음

이담 Books

머리말

제주올레길 완주!
이름만 들어도 가슴이 설렌다.

2015년 2월 정년퇴직을 하고, 꿈에도 그리던 제주올레길을 완주하기 위해 15일씩 네 번이나 제주도에 갔었다. 갈 때마다 한라산에 올라야지, 관광지도 가야지, 올레길도 걸어야지, 한꺼번에 여러 가지를 하려다보니, 제주올레길은 부분적으로는 많이 걸어보았으나 완주는 하지 못했다. 너무도 아쉬움이 남아서 한 달 동안에 제주올레길을 완주하고 한라산을 등반하기로 목표를 세웠다. 한림읍 협재리의 스톤빌리지 펜션을 한 달 살기로 임대한 후, 동생 병선과 함께 2018년 3월 19일 제주도로 갔다.

제주항을 중심으로 18코스부터 시계 방향으로 차례대로 걸었다. 오직 제주올레길을 완주하겠다는 일념 하나로 새벽부터 밤늦게까지 부지런히 걸었다. 비가 오나, 바람이 부나, 어떠한 여건 속에서도 계획한 일정대로 한 치의 오차도 없이 강행군을 했다. 가급적 대중교통을 이용하

고, 급할 때는 택시로 이동했다. 다행히도 건강상태도 좋았고 완주하겠다는 의지도 확고했다. 팀워크가 환상적이었다.

시작한 지 2~3일이 지나서, 날씨가 쾌청할 때 주변 섬부터 먼저 트레킹을 하기로 하고, 우도, 추자도, 가파도 올레를 먼저 실시했다. 성산일출봉 부근을 걸을 때는 한림읍 숙소로부터 거리가 너무 멀어서 현지에서 숙소를 해결했다.

4월 4일부터는 제주도 서쪽의 올레 코스를 트레킹하면서 숙소로부터 거리가 가까워 아침 식사와 저녁 식사를 숙소에서 자급자족했다. 평소에 연마한 요리 실력을 발휘하여 나름대로 음식을 맛있게 해 먹었다. 몸은 천근만근 몹시도 피곤했지만 마음만은 너무나 행복했고 기분도 상쾌했다. 힘들어도 투정 한 번 부리지 않고 함께 해 준 동생이 너무 감사했다.

낙숫물이 바위를 뚫는다고 했던가? 드디어 4월 14일, 출발한 지 26일 만에 제주올레길 26개 코스를 완주했다. 한 구간도 빠짐없이 완벽하게…. 도두해수파크에서 따뜻한 바닷물로 그동안 쌓였던 피로를 풀고,

노형동의 '늘봄흑돼지'에서 제주흑돼지로 완주 축하 파티를 했다. 제주올레 기간 동안 수도 없이 먹었던 흑돼지였지만 그날따라 유별나게 고기 맛이 일품이었다. 소주를 곁들여 마음껏 먹었다. 너무나 행복했다.

4월 15일 성판악에서 관음사코스로 한라산을 등반하고, 4월 16일 오전 9시, 서귀포의 제주올레 여행자센터에 들어섰다. 올레센터 직원들과 올레꾼들의 환호와 박수를 받으면서 담당 직원으로부터 사단법인 제주올레 이사장 서명숙이 수여하는 '제주올레 완주증서'와 완주 메달을 받았다. 내용인즉슨 "당신은 제주의 아름다운 바다와 오름, 돌담, 곶자왈, 사시사철 푸른 들과 정겨운 마을들을 지나 평화와 치유를 꿈꾸는 제주올레의 모든 코스 약 425km를 두 발로 걸어서 완주한 아름답고 자랑스러운 제주올레 도보여행자입니다"였다. 완주증서를 받는데 너무 감격스러워 머리가 띵~ 하고 가슴이 먹먹했다. 당시엔 아무런 생각도 나지 않았다. 드디어 해냈구나! 우리는 서로 격려하고, 독려하고, 눈빛으로 말하며 끝까지 완주했다. 우리는 용감한 형제였다. 이 기상으로 앞으로 무엇이든 할 수 있을 것 같았다.

올 한 해 동안 지리산둘레길 285km도 완주했고, 제주올레길 425km도 완주했다. 이제 남은 것은 해파랑길 770km 완주다. 지금 이 기상으로 반드시 해파랑길을 완주해야겠다.

한 달 동안 제주의 올레길을 완주하면서 체험한, 아름다운 바다와 오름, 돌담, 곶자왈, 사람들의 생활 모습 등 섬나라의 독특한 풍경과 재미있는 추억들을 사랑하는 가족 및 지인들과 함께하고 싶었다.

2019년 12월

대전한라산 최병욱

머리말

제주올레길과의 운명적 만남!
제2의 인생이 시작되었다.

불과 2년 전인 2017년 간암이라는 청천벽력 같은 소식을 접하기 전까지 나는 바이러스 연구에 심취한 열정적인 과학자 중 한 사람이었다.

1992년 3월 파릇파릇한 24살의 나이에 서울 불광동에 위치한 국립보건원이라는 곳에 입사해 공직에 몸담게 되었고 다른 분들과 마찬가지로 발령 통지서 딸랑 한 장으로 그 당시 사람들이 제일 무서워하던 에이즈와의 운명적 만남이 시작되었다. 처음에는 개인적으로 에이즈에 대한 편견도 많았지만 환자들과의 대화를 통하여 이들이 사회적 편견으로부터 얼마나 고통받고 있는지를 알게 되었다. 업무적으로나마 오랫동안 면담하면서 마음속의 애환을 터놓던 환자들이 한두 사람씩 세상을 떠나는 충격적인 현실을 접하며 '이들을 위하여 내가 진정으로 할 수 있는 일이 무엇인가?'를 고민하게 되었다. 장고 끝에 스스로 내린 결론은 '에이즈라는 질병으로부터 자유로운 세상을 만드는 데 과학자로

서 나의 인생을 걸어보자'였다. 지금까지 27년여 동안 오로지 '에이즈 완치'라는 화두를 놓지 않고 연구에 매진해 왔다. 에이즈 연구로 석·박사학위도 취득하고 미국 국립보건원 국립암연구소의 'HIV and AIDS Malignancy Branch'에서 방문연구원으로 근무하면서 에이즈 연구분야에 대한 폭넓은 식견도 얻었다. 오랫동안 연구에 매진한 결과 세계인명사전인 《Who's Who》에 2년 연속(2013년, 2014년) 이름 등재, 국내외 학술지에 70여 편의 논문 게재, 국내외 학술대회에 100여 편의 연구결과 발표, 특허등록 18건, 특허출원 4건 등 왕성한 연구 활동으로 연구에 대한 흥미도 점점 깊어져 과학자로서의 긍지와 자부심도 갖게 되어 행복했다.

그러던 2017년 6월 어느 날, 주치의 선생님으로부터 간암 판정 소식을 듣고 번갯불에 콩 볶아 먹는다는 속담처럼 정신없이 입원해서 간 절제 수술을 받았다. 모든 것이 혼란스러웠다. '무엇이 잘못된 것인지?' '왜 나에게 이런 시련이 닥치는 걸까?' '앞으로 어떻게 살아야 하나?' 이러한 질문들이 머릿속을 스쳐 지나갔다. 수술 후 지친 심신을 회복하기 위해 법륜스님의 즉문즉설, 김창옥 힐링강사의 명강의 등을 유튜브로 들어보기도 하고, 유시민 작가의 《어떻게 살 것인가》와 바버라 브래들리 헤거티 작가의 《인생의 재발견: 마흔 이후, 어떻게 살 것인가?》라는 책들을 읽으며 내 생애 처음으로 나를 되돌아볼 수 있는 시간을 갖게 되었다. 우선, 남은 인생 동안 내가 정말로 하고 싶은 일들에 대하여 버킷리스트를 만들어 보았다. 한국의 3대 트레킹(지리산둘레길, 제주올레길, 해파랑길) 완보하기, 한국의 100대 명산 완등하기, 과학자로서 저명한 외국저널에 논문 100편 게재하기 등 내 인생의 버킷리스트를 처음으로 정했다. 2018년 봄, 이들 중 한국의 3대 트레킹 완보부터 시작해 보기로 결심은 하였으나 총 1,500km와 100코스에 해당되는 세부적인 종주 계획을 짜는 일은 엄두가 나질 않았다. 꿈은 정말로 이루어진다고 했을까? 은퇴하신 큰형님께서 '한국의 3대 트레킹 완보 계획과 더불어 제주올레길 한 달 완보 마스터 플랜'을 기획하여 같이 트레킹하자고 제안하시는 게 아닌가? 큰형님께서 동생의 건강 회복을 염원한 특별한 배려 속에 제주올레길과의 운

명적 만남은 내 인생의 제2막을 여는 중요한 계기가 되었다. 나 스스로 길 위에서 삶의 행복을 찾기 시작했고 하루하루가 즐거웠다. 이 책을 통하여 작년 우리 형제가 한 달 동안 제주 구석구석을 두 발로 걸으며 경험한 아름다운 제주 속살과 행복했던 추억을 길을 사랑하는 도보 여행자 분들과 함께 나누고 싶었다.

2019년 12월

최병선

목차

* 일러두기

'무'의 표기는 '무우'가 아닌 '무'가 옳은 표기이나, 어감을 살리기 위해 '무우'로 표기했습니다.

제주올레란?

제주특별자치도는 한반도 남단에 위치한 국내에서 가장 큰 섬으로 면적은 1850.2㎢, 동서로 73km, 남북으로 41km에 이르며, 해안선 길이는 253km에 달한다. 인구는 2018년 말 기준 약 667,000여 명이며, 제주도를 비롯하여 추자도, 우도, 가파도, 마라도, 비양도 등 80여 개의 크고 작은 섬들로 이루어져 있다. 또한, 1,950m의 한라산을 중심으로 동서남북 사방으로 370여 개의 기생화산인 오름들이 펼쳐져 있는 전국 제일의 관광 명소이다. 한라산을 중심으로 북쪽에는 제주시, 남쪽에는 서귀포시로 구분되며, 제주시를 중심으로 시계 방향으로 조천읍, 구좌읍, 성산읍, 표선면, 남원읍, 안덕면, 대정읍, 한경면, 한림읍, 애월읍과 우도면, 추자면의 7개 읍과 5개 면으로 구성되어 있다.

제주올레란 제주도 방언으로 '집으로 통하는 아주 좁은 골목길'을 뜻하는 말로 제주 토박이인 서명숙 이사장(사단법인 제주올레)이 스페인 산티아고 순례길을 걷고 나서 자신의 고향인 제주에 구상한 도보 여행길로 총 26개 코스[제주도 해안을 따라서 걷는 해안 길 19개 코스, 내륙 길 4개 코스, 섬 탐방(우도, 가파도, 추자도) 3개 코스]로 구성되어 있다. 2007년 9월 사단법인 제주올레 발족과 더불어 1코스를 처음 개장했고, 2017년 4월 바당올레인 15B 코스를 마지막으로 개장하면서 약 425km에 달하는 제주올레 전체 코스가 완성되었다.

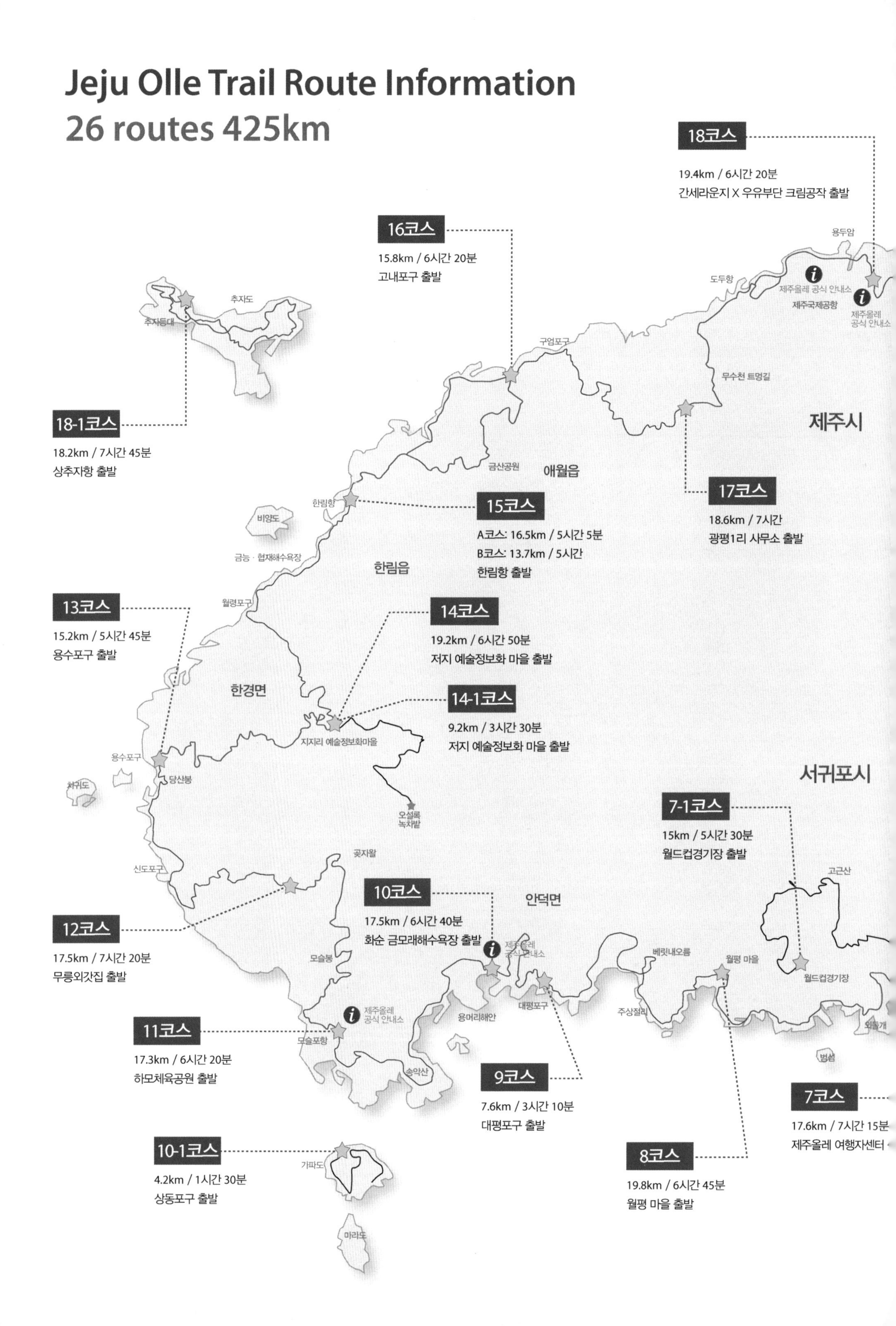
Jeju Olle Trail Route Information
26 routes 425km
18코스
19.4km / 6시간 20분
간세라운지 X 우유부단 크림공작 출발
16코스
15.8km / 6시간 20분
고내포구 출발
용두암
도두항
제주올레 공식 안내소
제주국제공항
제주올레 공식 안내소
추자도
추자등대
구엄포구
무수천 트멍길
제주시
18-1코스
18.2km / 7시간 45분
상추자항 출발
금산공원
애월읍
17코스
18.6km / 7시간
광평1리 사무소 출발
한림항
15코스
A코스: 16.5km / 5시간 5분
B코스: 13.7km / 5시간
한림항 출발
비양도
금능 · 협재해수욕장
한림읍
월령포구
13코스
15.2km / 5시간 45분
용수포구 출발
14코스
19.2km / 6시간 50분
저지 예술정보화 마을 출발
한경면
14-1코스
9.2km / 3시간 30분
저지 예술정보화 마을 출발
지지리 예술정보화마을
용수포구
당산봉
차귀도
오설록 녹차밭
서귀포시
7-1코스
15km / 5시간 30분
월드컵경기장 출발
곶자왈
신도포구
고근산
12코스
17.5km / 7시간 20분
무릉외갓집 출발
10코스
17.5km / 6시간 40분
화순 금모래해수욕장 출발
안덕면
제주올레 공식 안내소
모슬봉
베릿내오름
월평 마을
월드컵경기장
대평포구
주상절리
용머리해안
11코스
17.3km / 6시간 20분
하모체육공원 출발
제주올레 공식 안내소
모슬포항
외돌개
범섬
송악산
9코스
7.6km / 3시간 10분
대평포구 출발
7코스
17.6km / 7시간 15분
제주올레 여행자센터
10-1코스
4.2km / 1시간 30분
상동포구 출발
가파도
8코스
19.8km / 6시간 45분
월평 마을 출발
마라도

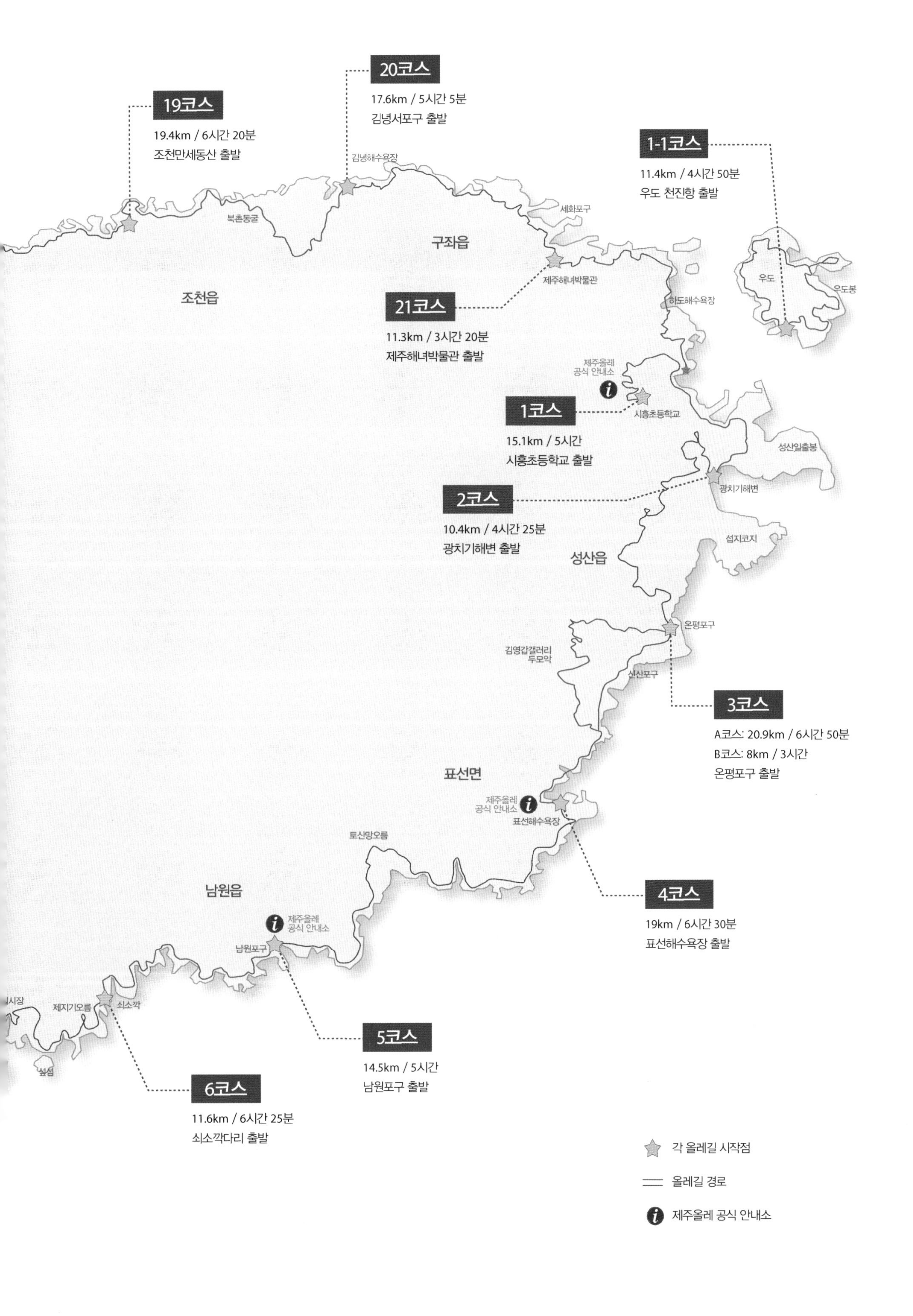
20코스
17.6km / 5시간 5분
김녕서포구 출발
19코스
19.4km / 6시간 20분
조천만세동산 출발
1-1코스
11.4km / 4시간 50분
우도 천진항 출발
김녕해수욕장
세화포구
북촌동굴
구좌읍
우도
우도봉
제주해녀박물관
조천읍
21코스
11.3km / 3시간 20분
제주해녀박물관 출발
하도해수욕장
제주올레
공식 안내소
1코스
시흥초등학교
15.1km / 5시간
시흥초등학교 출발
성산일출봉
2코스
광치기해변
10.4km / 4시간 25분
광치기해변 출발
섭지코지
성산읍
온평포구
김영갑갤러리
두모악
신산포구
3코스
A코스: 20.9km / 6시간 50분
B코스: 8km / 3시간
온평포구 출발
표선면
제주올레
공식 안내소
표선해수욕장
토산망오름
4코스
19km / 6시간 30분
표선해수욕장 출발
남원읍
제주올레
공식 안내소
남원포구
제지기오름
쇠소깍
5코스
14.5km / 5시간
남원포구 출발
6코스
11.6km / 6시간 25분
쇠소깍다리 출발
각 올레길 시작점
올레길 경로
제주올레 공식 안내소

시흥 → 광치기

최고의 일출 명소 성산일출봉과 광치기해변

도보여행일: 2018년 03월 27일
코스개장일: 2007년 09월 08일

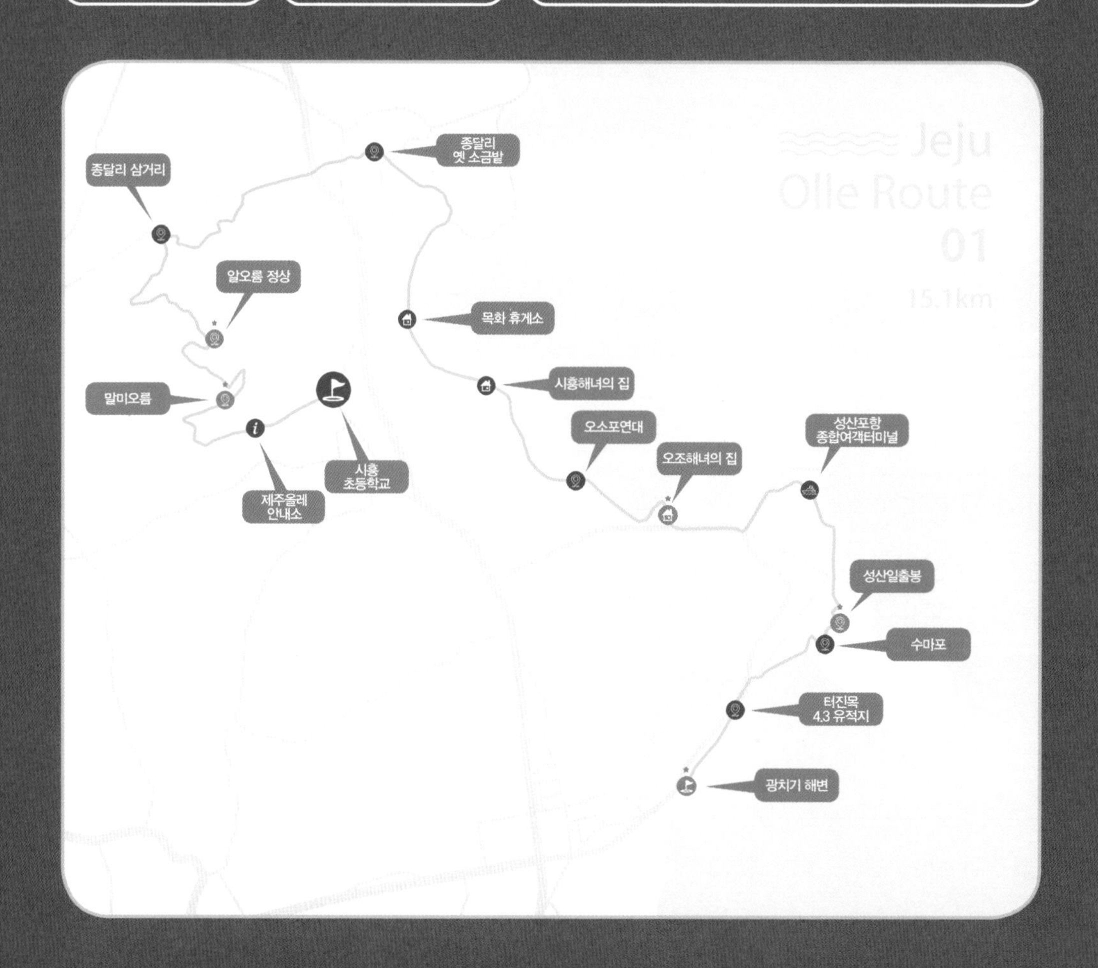

★ 꼭 들러야 할 필수 코스!

Jeju Olle Trail Route Information
26 routes 425km

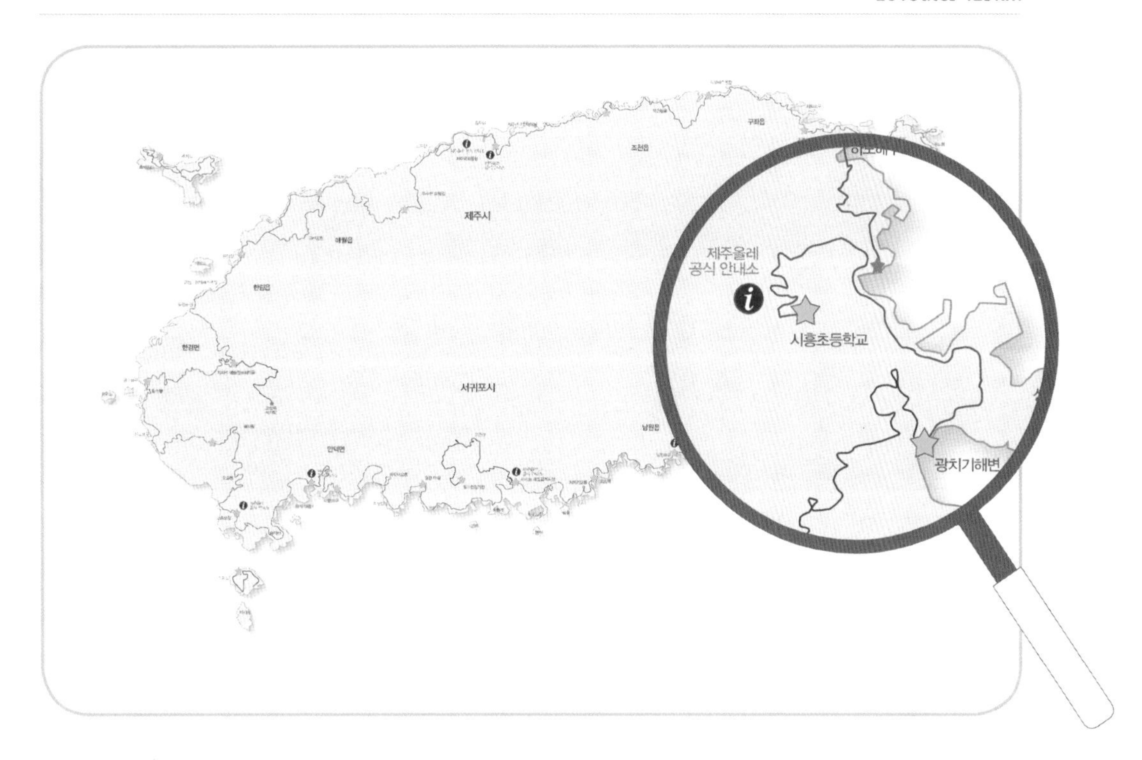

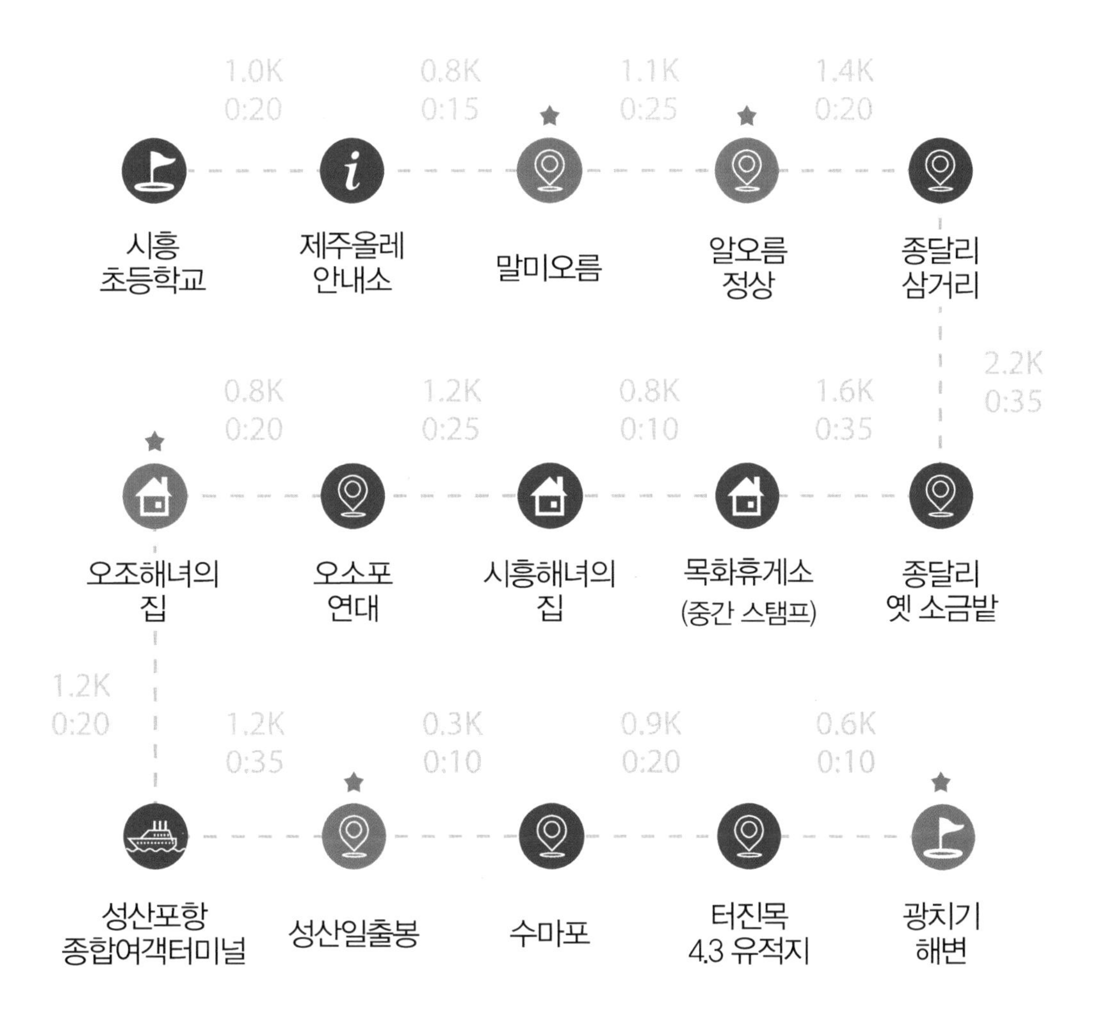

JEJU
OLLE ROUTE
01

제주올레길 1코스 (시흥초등학교~광치기해변)

최고의 일출 명소 성산일출봉과 광치기해변

6시 43분, 성산일출봉 정상에서 바라본 일출 광경

성산일출봉의 일출을 감상하려고 5시 30분 호텔을 출발했다. 헤드 랜턴을 착용하고 어둠을 뚫고 성산일출봉 정상에 올라 해가 뜨기를 기다렸다. 6시 40분, 독수리바위 부근에서 해가 솟아올랐다. 가슴이 확 트이면서 머리가 맑아졌다. 성산일출봉은 2000년 7월 19일 천연기념물로 지정, 2007년 7월 2일 UNESCO 세계자연유산에 등재, 2010년 10월에는 UNESCO 세계지질공원에 인증, 2011년도 대한민국 자연생태관광 으뜸 명소, 2012년 12월 한국관광 기네스 12선에 선정된 유명한 관광 명소이다. 날씨가 좋아 일출을 멋지게 감상하고 내려와서 해녀의 집과 일출봉 아랫부분을 둘러봤다.

일출 전, 성산일출봉을 오르면서 바라본 성산읍 풍경

성산일출봉 아래, 해녀의 집

해녀의 집 앞에서 바라본 성산일출봉

성산읍의 '가마솥해장국'에서 아침 식사를 하고 택시를 이용하여 9시 20분에 시흥초등학교에 도착했다. 2007년 9월 제주올레가 처음으로 시작된 장소인 시흥초등학교에서 들뜨고 흥분된 마음으로 트레킹을 시작하였다. 푸른 하늘과 맑고 상쾌한 바다 내음이 몸속의 엔도르핀을 샘솟게 하였다. 검은 돌담으로 둘러싸인 시흥리 밭길을 지나 말미오름 정상에 오르니 사방이 탁 트인 시야로 들어온 시흥리 들판은 알록달록한 천들로 누벼진 천연의 퀼트 작품같이 아름다웠고, 멀리 바라다보이는 성산일출봉은 그 자체가 매혹적이었다. 알오름 정상을 지나 제주시에 속한 동쪽 끝 마지막 마을인 종달리로 내려와 종달리 옛 소금밭을 만났다.

시흥초등학교 앞 제주올레 1코스 출발지점

말미오름 정상에서 바라본 한반도 지형

알오름 정상에서 바라본 종달리 풍경과 지미봉

종달리 바당길이 시작되는 해안도로를 따라 걷다가 목화휴게소 앞 바닷가 빨랫줄에 한치를 쭉~ 널어 말리는 모습을 볼 수 있었다. 목화휴게소에서 중간지점 스탬프를 찍고 시흥해녀의 집, 오소포연대를 지나 성산일출봉으로 들어가는 성산갑문교 전에 위치한 '오조해녀의 집'에 도착했다. 등대 모양인 오조해녀의 집은 전복죽이 유명한 음식점으로 해녀들이 직접 채취한 자연산 전복을 사용하여 요리를 해준다. 금강산도 식후경이라고, 우리는 이곳에서 점심으로 전복죽을 먹었는데, 내장을 함께 끓인 진노란색의 진한 국물이 보약 한 그릇을 먹는 기분이었다.

종달리 바당길 해안도로의 빨랫줄에 말리는 한치들

목화휴게소(중간 스탬프 찍는 곳)

성산포항 종합여객선터미널

바닷가 산책로에서 바라본 성산일출봉

성산포항에서 성산일출봉까지 목제 데크로 잘 정비된 바닷가 산책로를 걸으며 시시각각 달라지는 성산일출봉의 전경을 감상하는 재미가 너무 좋았다. 성산일출봉을 지나자 섭지코지까지 5km의 해안 모래사장이 나타나는데 제주어로 이곳을 가까운 바다란 뜻의 '앞바르'라고 부른다. 이곳에는 수마포, 터진목, 광치기해변이 있는데, 푸른 해초들로 뒤덮인 드넓은 암반지대가 펼쳐진 광치기해변에서 바라본 성산일출봉의 풍광은 황홀하고 신비스러웠다. 수마포는 조선시대 제주에서 기른 말을 육지로 실어낼 때 말들을 모아서 내보냈던 포구이고, 광치기해변은 썰물 때 드넓은 암반지대가 펼쳐지는 그 모습이 광야 같다고 하여 광치기라고 불렸다고 한다. 오후 3시에 제주도 동쪽 끝자락인 광치기해변에서 오늘의 여정을 마무리하고, 오후 4시에 시외버스를 타고 광치기해변을 출발, 제주터미널을 거쳐 오후 6시 30분에 제주도 서쪽의 한림리 정류장에 도착했다. '샛별식당'에서 고등어묵은지찜과 돼지두루치기 정식으로 저녁 식사를 마치고 숙소인 스톤빌리지 펜션으로 복귀하였다.

성산일출봉 광장

광치기해변에서 바라본 성산일출봉

우도

우도 명물 한라산볶음밥과 땅콩아이스크림 먹으러 가요

거리(km)
11.4

시간(시, 분)
4:50

도보여행일: 2018년 03월 26일
코스개장일: 2009년 05월 23일

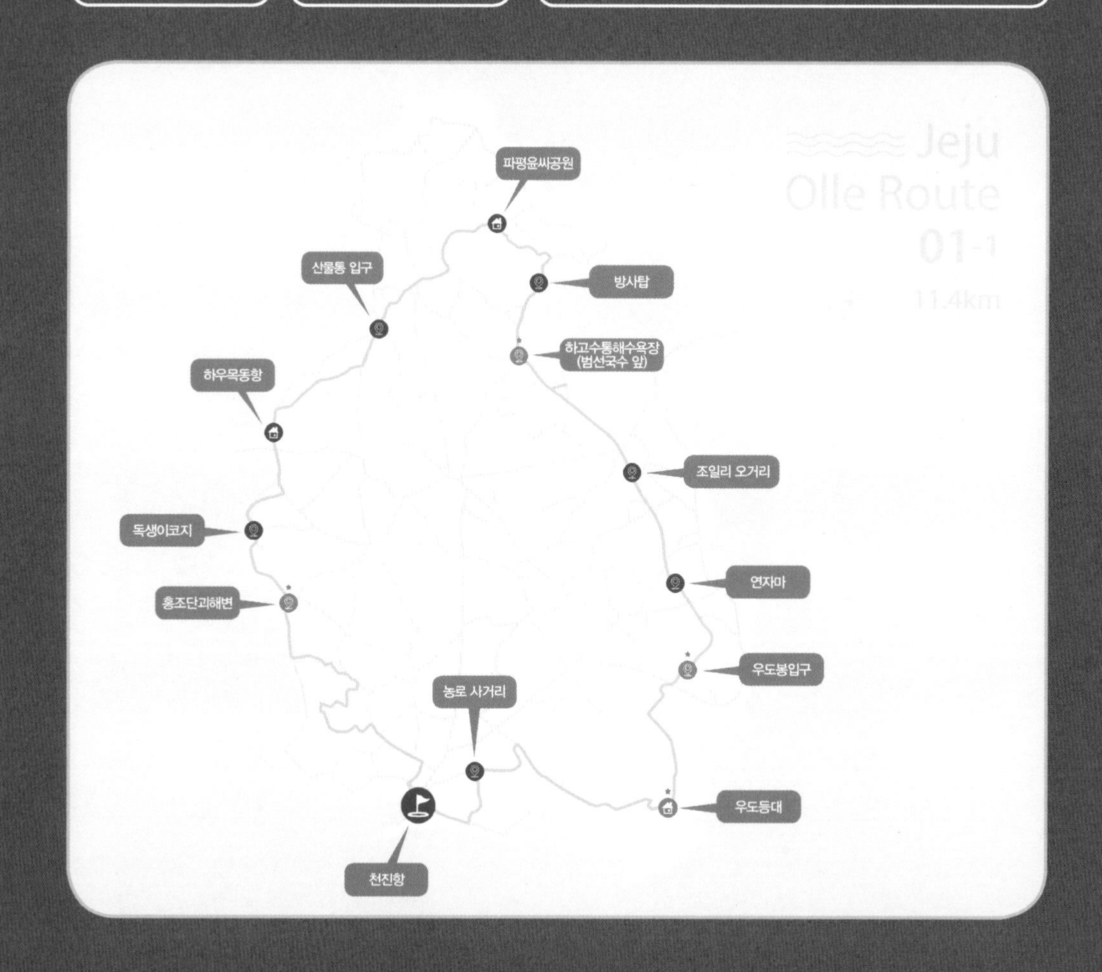

★ 꼭 들러야 할 필수 코스!

Jeju Olle Trail Route Information
26 routes 425km

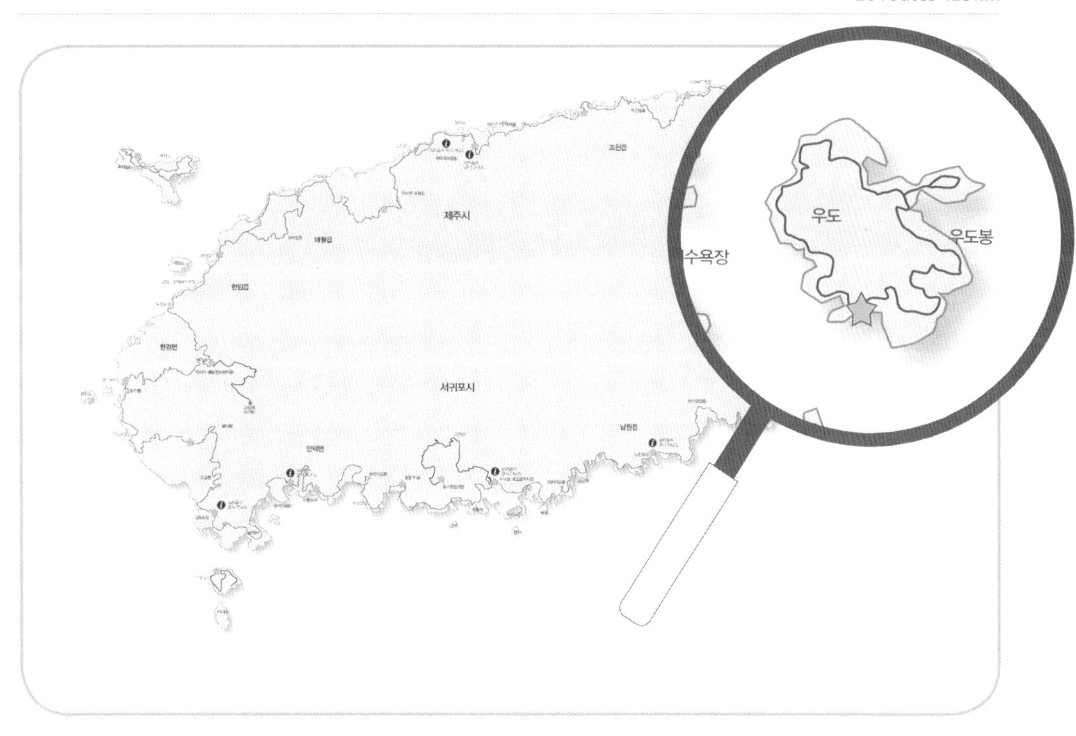

제주올레길 1-1코스 (우도)

우도 명물 한라산볶음밥과 땅콩아이스크림 먹으러 가요

카페리호에서 바라본 천진항과 우도봉

택시를 불러 한림 버스 정류장 도착. 시외버스를 이용하여 올레 코스 출발지 도착. 하루 트레킹 일정을 마치고 다시 시외버스와 택시를 이용하여 숙소 도착. 매일 반복되는 일정이다.

오전 10시. 성산포항 종합여객선터미널에서 카페리호를 타고 우도 천진항에 도착했다. 우도는 섬의 모습이 소가 드러누워 있는 형상이라고 하여 우도(牛島)라고 불린다. 우도팔경은 주간명월(해식동굴에 햇빛이 들어와 보름달이 떠 있는 듯한 광경), 야항어범(야간 우도 주변 어선들의 작업하는 풍경), 천진관산(천진리에서 바라보는 한라산의 모습), 지두청사(우도봉에서 바라본 섬의 전경), 전포망도(우도 앞바다에서 바라본 섬의 전경), 후해석벽(우도봉 뒤편 기암절벽 모습), 동안경굴(동쪽

우도 천진항

우도봉 초입 승마장

우도봉에서 바라본 천진항과 종달리 지미봉

바닷가에 있는 고래가 살 만한 굴), 서빈백사(우도 서쪽 해안에 형성된 산호모래 해변)라고 한다. 우도에 오면 우도등대, 우도봉, 검멀레해변과 동안경굴, 하고수동해수욕장, 홍조단괴해변 산호해수욕장 등 우도 전체를 한 바퀴 제대로 둘러보아야 한다.

검멀레의 동안경굴

천진항에서 반시계 방향으로 소원 기원 돌탑길을 따라 걷다가 우도 고인돌 돌배를 구경한 후 우도봉 입구에 도착, 우도 명물인 땅콩아이스크림을 먹으면서 잠시 무더위를 식혔다. 넓게 펼쳐진 잔디밭과 쪽빛 바다가 어우러진 풍경을 바라보며 우도봉 정상에 올랐다가 한국 최초의 등대 테마공원인 우도등대공원을 들렀다. 우도봉(쇠머리오름) 정상에서 바라본 바다 풍경과 섬 전체 모습이 그림같이 아름다웠다. 특별히, 우도봉에서 해안 산책로로 내려오면서 바라본 검멀레해변

우도의 명물, 땅콩 아이스크림

우도등대

우도등대공원

과 노란 유채꽃이 만발한 조일리 마을 풍경은 아름다움의 극치를 보여 주었다. 그 풍경을 바라보는 자체로 몸과 마음이 치유되는 느낌이었고 행복했다.

우도봉에서 바라본 검멀레

조일리마을 유채꽃밭

한라산볶음밥의 퍼포먼스를
시연하고 있는 주인아저씨

조일리 오거리를 지나 하고수동해수욕장 입구의 '범선국수' 앞에서 중간 지점 스탬프를 찍었다. 하고수동해수욕장에 도착하니 고운 흰 모래사장에 검은 현무암으로 만들어진 해녀상이 매우 인상적이었다. 하고수동해수욕장에는 많은 관광객이 북적였다. 점심 식사를 하려고 식당을 찾던 중 '로뎀가든'이라는 식당 간판이 우리 시선을 사로잡았다. 흑돼지한치주물럭을 시키면 별식으로 '한라산볶음밥'을 퍼포먼스와 함께 만들어주는데, 이것이 이 식당의 명물이다. 제주도 탄생 스토리를 재미있게 엮은 퍼포먼스를 통해 '한라산볶음밥'을 만들어준다. 옆에 있는 꼬마 친구에게 주인이 너무나도 재미있게 설명해주면서 퍼포먼스를 하기에, 우리도 흑돼지한치주물럭 4인분, '한라산볶음밥' 2인분과 우도땅콩막걸리 2병을 주문했다. 그리고 주인장에게 퍼포먼스를 부탁하고 핸드폰으로 동영상 촬영을 시작했다. 갑자기 촬영을 한다고 하니 긴장한 주인장이 버벅거리면서 멋쩍어했다. 겨우겨우 부탁해서 퍼포먼스 한 장면을 녹화했다. 점심 식대로 8만 원은 만만치 않은 가격이었으나 음식 맛도 좋고 퍼포먼스도 기발하고 재미있어 아깝지 않은 즐거운 추억이었다. 미술(시각, 주물럭과 볶음밥의 비주얼), 음악(청각, 밥 볶는 난타 소리), 문학(스토리, 제주의 탄생과 과거, 현재, 미래 이야기)과 더불어 후각과 미각까지 더한 종합예술 공연인 '한라산볶음밥' 퍼포먼스를 즐기면서 특별한 점심을 접할 수 있어 너무 행복한 시간이었다. 제주 여행에 특별한 즐거움을 제공해주신 사장님께 다시 한번 감사드린다.

방사탑과 파평윤씨공원을 지나 하우목동항을 구경하고 죽은 산호가 쌓여 만들어진 백사장으로 유명한 홍조단괴해변 산호해수욕장에 도착했다. 눈이 부시도록 하얀 산호 해변이 매력적이었다. 오후 5시 40분, 천진항을 출발하여 성산포항에 도착했다. 성산읍의 성산호텔로 숙소를 정했다. 숙소 근처 '기똥차네'라는 음식점에서 고등어회와 갈치조림으로 저녁 식사를 했는데 회가 너무 싱싱하고 맛도 좋았고, 갈치조림도 일품이었다.

독생이코지

홍조단괴해변 산호해수욕장

광치기 → 온평

고 · 양 · 부 삼신인의 아름다운 결혼 이야기가 전해지는 길

거리(km) 10.4

도보여행일: 2018년 03월 28일
코스개장일: 2008년 06월 28일

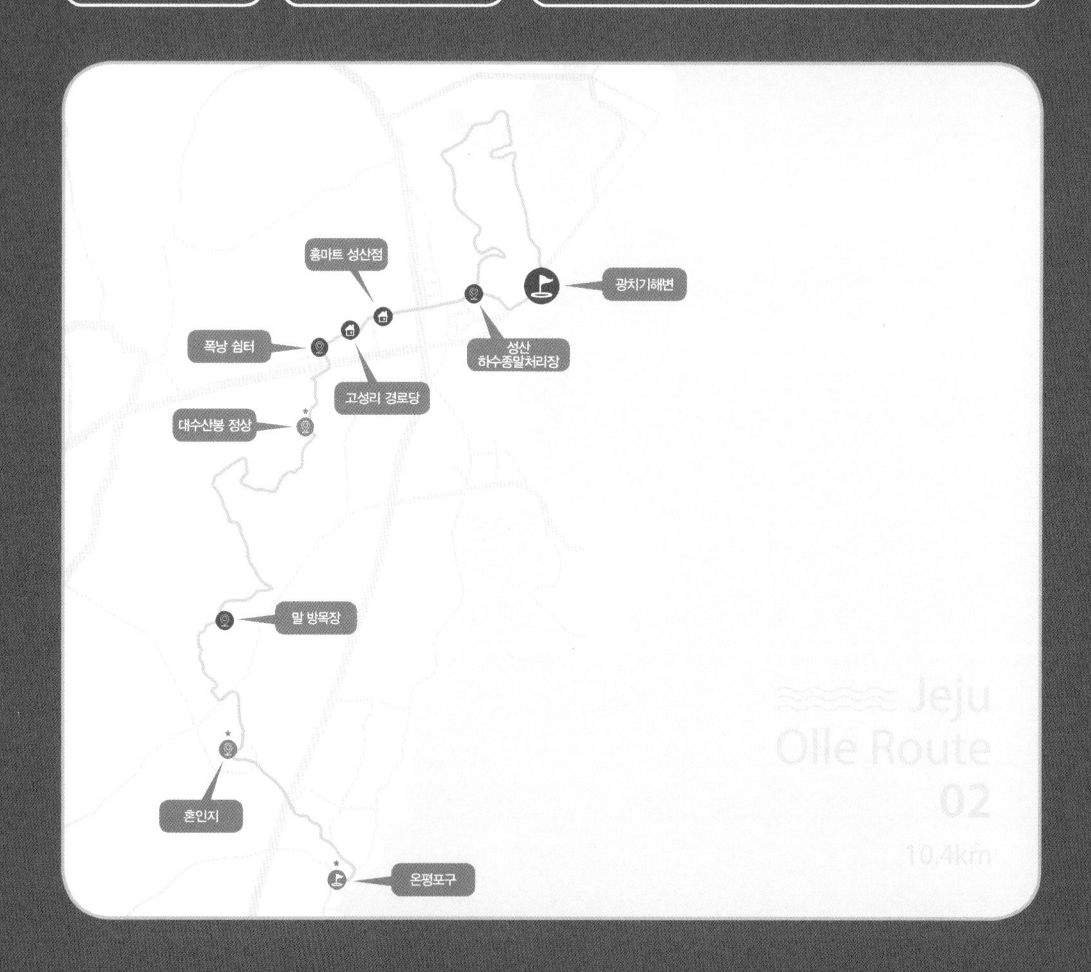

★ 꼭 들러야 할 필수 코스!

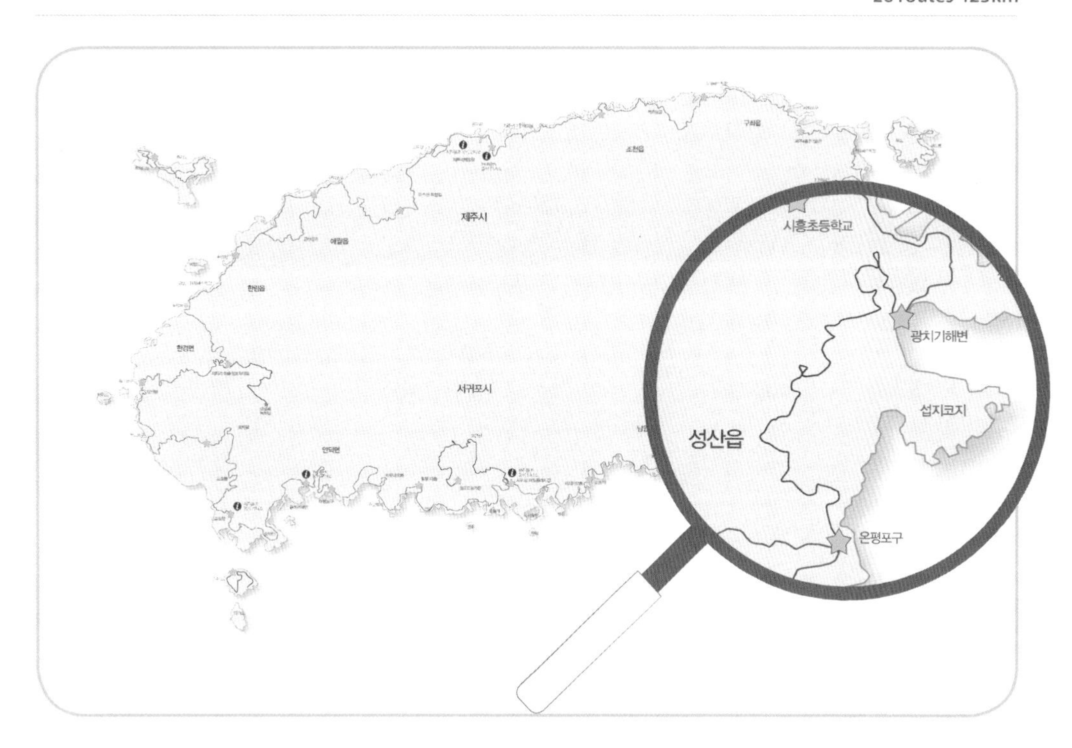
제주시
서귀포시
시흥초등학교
광치기해변
섭지코지
성산읍
온평포구

0.7K
0:30
0.6K
0:30
광치기
해변
성산
하수종말처리장
홍마트 성산점
(중간 스탬프)
0.6K
0:15
1.1K
0:25
0.5K
0:15
대수산봉
정상
폭낭 쉼터
고성리
경노당
3.3K
1:00
1.5K
0:30
2.1K
1:00
말
방목장
혼인지
온평포구

제주올레길 2코스 (광치기해변~온평포구)

고·양·부 삼신인의 아름다운 결혼 이야기가 전해지는 길

내수면 둑방길, 멀리 식산봉이 보인다

'한림해장국'에서 아침 식사 후 오전 9시 20분 광치기해변에 도착했다. 광치기해변 일주도로 건너편 유채꽃밭에는 유채꽃들이 만발하여 봄 기운을 흠뻑 느낄 수 있었다. 내수면 둑방길을 지나 식산봉, 오조리 마

2코스 출발지점 광치기해변

광치기해변 앞 유채꽃밭

을회관을 거쳐 성산 하수종말 처리장까지 오조리 양어장 일대를 돌아 나오는 5km가량의 올레길은 철새 도래지로 유명한 곳이다. 하지만 이번에는 조류독감(AI) 발생 때문에 전파

홍마트 성산점(중간 스탬프 찍는 곳)

차단을 위한 방역 실시로 출입이 제한되어 있었다. 하수종말처리장에서 철새 도래지 경관을 감상하고, '홍마트 성산점'에서 중간지점 스탬프를 찍었다.

고성리 경로당과 폭낭 쉼터를 지나 대수산봉 정상에 오르니 조선시대 독자봉수, 성산봉수와 교신을 했다는 흙으로 쌓은 수산봉수를 만났다. 대수산봉을 내려와 말 방목장을 지나 제주 최초의 결혼 이야기가 전

대수산봉 정상

혼인지

혼인지의 신방굴

해 내려오는 혼인지(婚姻池)에 도착했다. 혼인지는 제주 삼성혈에서 솟아난 고 · 양 · 부 삼신인이 바다 저편에서 온 벽랑국의 세 공주와 결혼식을 올린 연못으로 1971년 8월 26일 제주특별자치도 기념물 제17호로 지정된 곳이다. 혼인지에는 세 공주의 위패가 모셔져 있는 삼공주추원사와 이들 부부가 합방을 하였다는 신방굴이 있다. 특히 7 · 8월경에는 혼인지 연못이 수련꽃으로 가득 차 제주도를 찾는 신혼부부들이 한 번쯤 찾아볼 만한 관광지다.

온평리 바닷가는 고 · 양 · 부 삼신인이 벽랑국에서 찾아온 세 공주를 맞이한 곳으로 이들이 제주에 상륙했을 때 바다가 황금 노을로 물들었다고 해서 '황루알'이라고 불렸다고 한다. 온평포구 해안에는 검은 현무암으로 쌓아 올린 온평 환해장성이 늘어서 있었다. 온평포구의 '떠돌

온평지구의 토속적인 저택

온평 환해장성

온평포구

온평포구의 도대(옛 등대)

이식객' 음식점에서 '떠돌이 해물라면'으로 점심 식사를 했는데 가격은 만 원으로 다소 비쌌지만 바닷가를 바라보며 올레꾼들과 즐겁게 먹는 느낌이 좋았다.

떠돌이 해물라면

온평 → 표선

용눈이오름과 사랑에 푹 빠진 사진작가 김영갑

거리(km) 20.9

도보여행일: 2018년 03월 29일
코스개장일: 2008년 09월 27일

★ 꼭 들러야 할 필수 코스!

Jeju Olle Trail Route Information
26 routes 425km

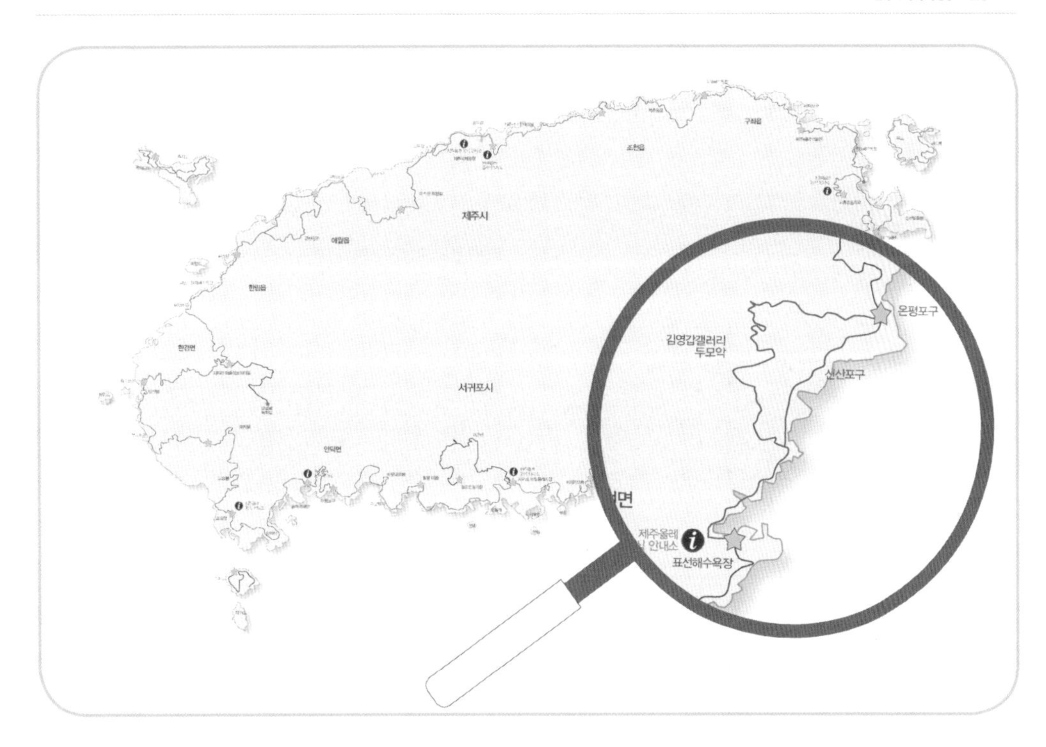

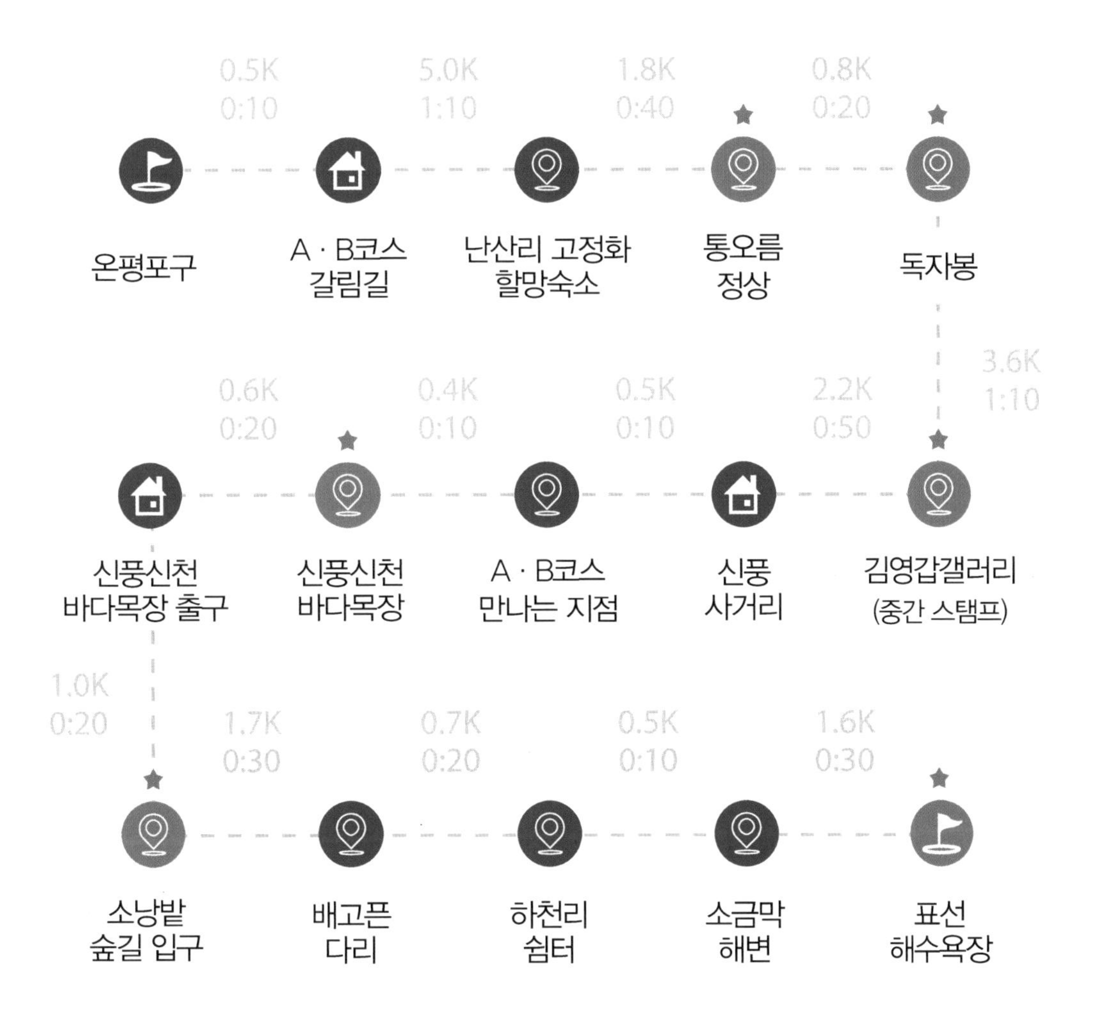

섭지코지 성당, 붉은오름의 하얀 등대와 선녀바위

오전 7시, 성산읍의 '아침바다' 음식점에서 '문어뚝배기'로 아침 식사를 마치고 섭지코지로 이동하였다. 서귀포시 성산읍 신양리 해안에 위치한 섭지코지는 제주 방언의 '좁은 땅'을 뜻하는 '섭지'와 '곶'이라는 뜻의 '코지'가 합쳐진 말로 해안 지형이 코의 끝 모양처럼 툭 튀어나와 있는 빼어난 해안 절경을 말한다. 넓고 평평한 코지 언덕 위에는 옛날 봉화불을 지피던 협자연대라는 높이 약 4m, 가로세로 9m의 정방형으로 된 봉수대가 세워져 있다. 연대에서 동북 방향으로 솟아 있

섭지코지 주차장

는 봉우리는 일명 붉은오름으로, 제주 말로 송이라고 하는 붉은색 화산재로 이루어진 오름이다. 오름 정상에 서 있는 하얀 등대의 모습이 노란 유채꽃밭과 오름의 붉은 흙빛, 파란 하늘빛, 바닷빛과 대비되어 이국적인 정취를 자아내었다. 등대까지 철 계단이 잘 조성되어 있어 쉽게 오를 수 있었다. 등대 난간에 올라서서 코앞에 펼쳐진 아름다운 섭지코지 해안 절경을 감상했다.

섭지코지 성당

선녀바위

선녀바위와 붉은오름 정상의 하얀 등대

해안가에 즐비한 기암괴석들과 절벽 아래 촛대 모양으로 삐죽 솟은 선돌바위는 우리의 시선을 사로잡았다. 해안 산책로를 따라 별장을 지나 섭지코지 끝에서 성산일출봉을 바라보았다. 언덕 위 유채꽃밭 사이로 펼쳐진 성산일출봉 전경, 맑은 햇살에 비친 에메랄드빛 푸른 바다와 바람에 나부끼는 노란색 유채꽃들의 향연은 자연이 빚어낸 한 폭의 아름다운 풍경화를 보는 것 같았다.

섭지코지 끝 해변과 성산일출봉

섭지코지 별장과 성산일출봉

섭지코지 별장 앞에서 바라본 붉은오름 하얀 등대

한 시간 동안 섭지코지 관광지를 둘러본 후 다시 택시를 타고 오전 9시 40분 온평포구에 도착했다. 해안을 따라 조금 걷다 보니 통오름과 독자봉으로 향하는 내륙 A코스와 신산리 환해장성과 마을 카페로 향하는 해안 B코스로 나뉘는 지점인 등대 모양의 바랑쉬 게스트하우스에 도착하였다. 우리는 우선 내륙 코스인 A코스로 향했다. 검은색 돌담으로 둘러싸인 밭길을 따라 중산간 길을 걷다가 무우밭에서 무우를 수확하는 장면을 보았는데, 상품 가치가 있는 무우만 뽑고 나머지는 그냥 밭에 내버려 둔 광경이 좀 낯설어 보였다. 귤밭과 비닐하우스를 지나고 하천을

제주도 무우 수확 장면

독자봉 아래 녹차밭

따라 걷다가 통오름에 올랐다. 통오름은 다섯 봉우리가 분화구를 둘러 싼 말굽형 분화구로 독자봉은 통오름에서 뚝 떨어져 홀로 서 있다고 해서 그렇게 불렸다고 한다.

김영갑갤러리 두모악

독자봉을 내려오자 김영갑갤러리 '두모악'에 도착했다. 사진작가 김영갑은 불치병인 루게릭병에 걸려 병마에 시달리면서도 20년 동안 제주에 살면서 중산간 오름인 다랑쉬오름과 용눈이오름을 배경으로 수많은 작품 사진을 찍었다. 두모악은 제주의 정체성을 찾으려고 몸부림쳤던 김영갑 사진작가의 예술혼이 깃든 풍경 사진들을 전시한 갤러리다. 김영갑갤러리를 둘러보고 중간지점 스탬프를 찍은 다음 두모악 정문 앞에 있는 깔끔한 현대식 스타일의 '카페오름'에서 '흑돼지돈가스'로 점심 식사를 했다.

오후 3시 15분, A · B코스가 만나는 지점에 도착해 온평 바당올레를 걸으면서 검은 현무암 자갈들이 즐비한 제주만의 독특한 풍광을 감상했다. 신풍신천 바다목장에서 입구를 찾지 못해 30분가량 헤매다가 다

신풍신천 바다목장 돌담길

시 되돌아와 간신히 목장 입구를 찾았다. 신풍신천 바다목장 길은 주인장이 목장 안으로 제주올레길을 내어준 길로 망망대해의 푸른 바닷빛과 광활한 목장의 잔디밭이 어우러져 신비스러운 제주 풍광을 자아냈다. 배고픈다리를 건너 소금막해변을 지나 하얀 모래가 빛나는 표선해수욕장의 백사장에 도착해서 하루 일정을 마무리했다.

신풍신천 바다목장에서 바라본 신풍포구

표선 해비치해변의 해녀상

온평 → 표선

신산리 환해장성을 걸으며

거리(km) 8.0

시간(시, 분) 3:00

도보여행일: 2018년 03월 28일
코스개장일: 2015년 05월 23일

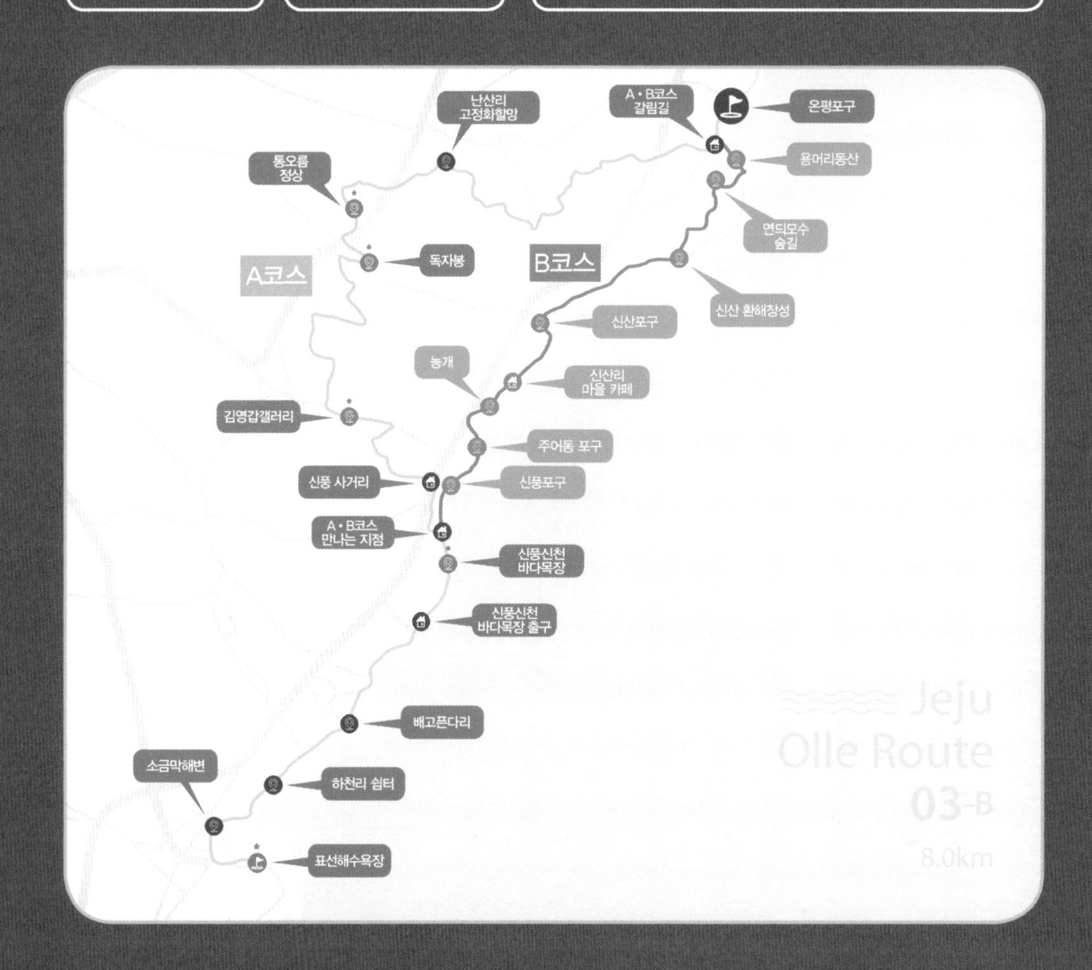

★ 꼭 들러야 할 필수 코스!

제주시
서귀포시
김영갑갤러리
두모악
온평포구
신산포구
제주올레
안내소
표선해수욕장

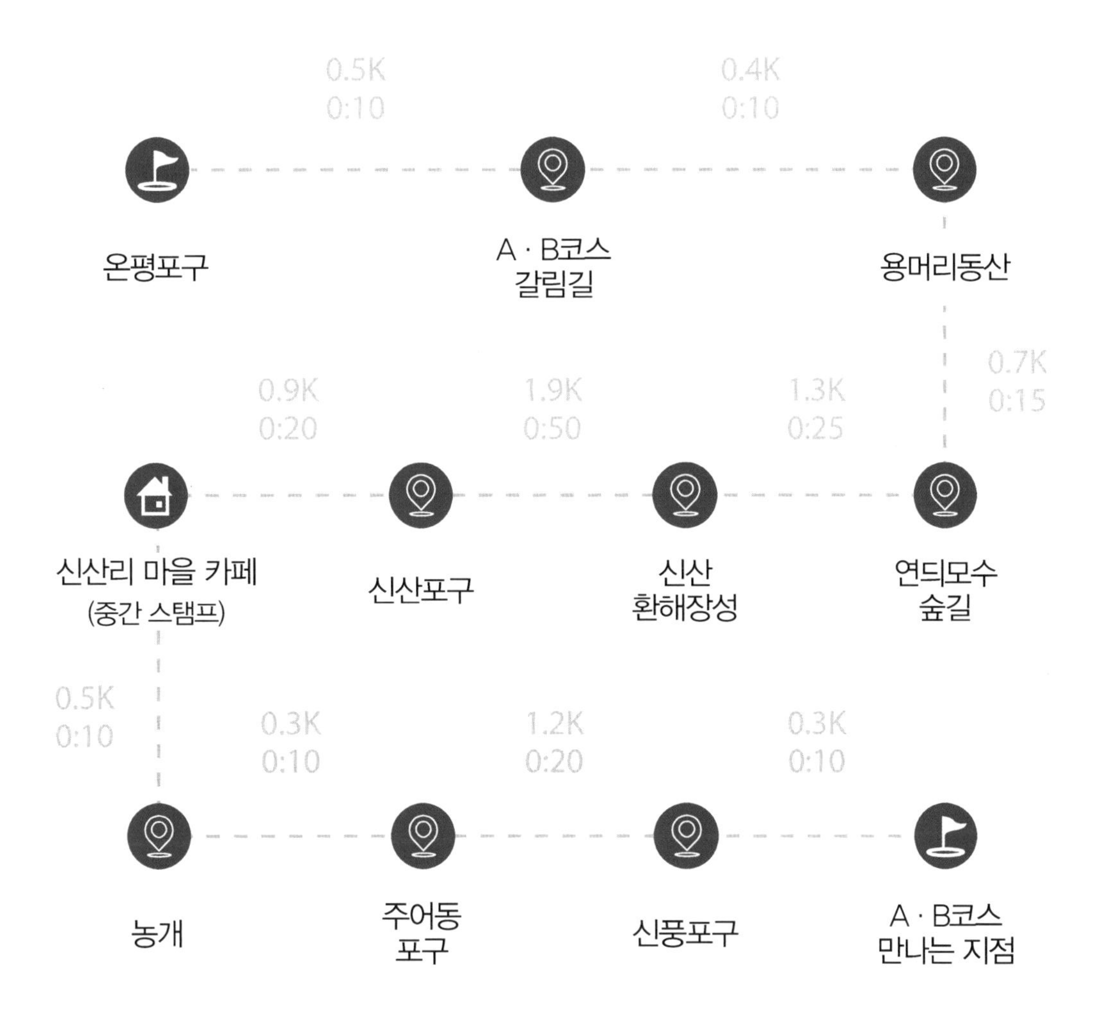
0.5K
0:10
0.4K
0:10
온평포구
A · B코스
갈림길
용머리동산
0.7K
0:15
0.9K
0:20
1.9K
0:50
1.3K
0:25
신산리 마을 카페
(중간 스탬프)
신산포구
신산
환해장성
연듸모수
숲길
0.5K
0:10
0.3K
0:10
1.2K
0:20
0.3K
0:10
농개
주어동
포구
신풍포구
A · B코스
만나는 지점

제주올레길 3-B코스 (온평포구~A · B코스 만나는 지점)

신산리 환해장성을 걸으며

신산 환해장성 해변가의 갈매기떼

온평포구에서 해안을 따라 500m 정도 걷다가 A코스와 B코스 갈림길에서 우리는 바당올레 코스인 B코스로 향했다. 용머리동산과 온평 숲길을 지나 해안가로 접어들자 신산 환해장성에 도착했다. 신산 환해장성에는 수많은 돌탑이 늘어서 있었는데, 마치 사람들이 소원을 빌면서

바람쉬 카페(A · B코스 갈림길)

신산 환해장성

신산포구

쌓아놓은 탑처럼 보였다. 신산포구를 지나 신산리 마을 카페에서 중간 지점 스탬프를 찍었다.

신산리 마을 카페

농어가 많이 들어오는 어장으로서 입구를 막아 투망질했던 곳인 농개를 구경한 후 주어동포구와 신풍포구를 거쳐 신풍신천 바다목장에 도착해서 여정을 마무리했다. 오후 6시 성산일출봉 정류장에 도착한 다음 성산읍의 '기똥차네' 음식점에서 참돔과 우럭회로 소주를 곁들여 저녁 식사를 맛있게 먹었다.

농개(농어가 많이 들어오는 어장)

주어동포구

주어동(제주시와 서귀포시의 경계지점)

검은색 해변가

A · B코스 이음길(만나는 지점)

표선 → 남원

제주 해녀들의 진한 삶을 찾아서

거리(km) 19.0

시간(시, 분) 6:30

도보여행일: 2018년 03월 31일
코스개장일: 2008년 10월 25일

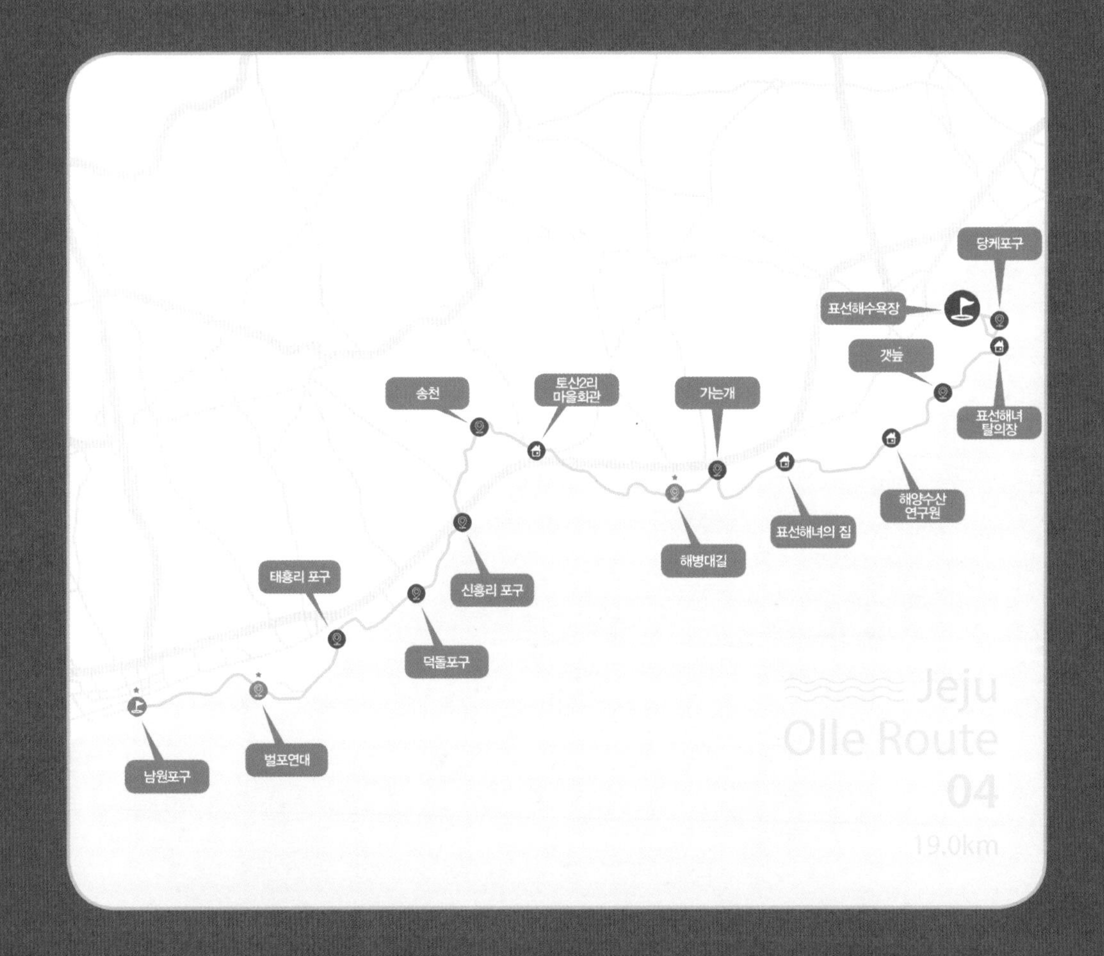

★ 꼭 들러야 할 필수 코스!

Jeju Olle Trail Route Information
26 routes 425km

JEJU OLLE ROUTE 04

제주올레길 4코스 (표선해수욕장~남원포구)

제주 해녀들의 진한 삶을 찾아서

표선해녀의 집, 태왁과 망사리가 걸려있다

오전 09시, 4코스 시작점인 표선해수욕장 근처에 있는 제주민속촌을 둘러보고 트레킹을 시작하기로 했다. 제주민속촌은 삼다(三多; 돌, 바람, 여자), 삼무(三無; 도둑, 거지, 대문), 삼보(三寶; 자연과 민속, 언어, 식물)로 대표되는 제주의 독특한 문화유산과 아름다운 자연환경을 원형 그대로 보존하기 위하여 19세기를 기준으로 산촌, 중산간촌, 어촌, 토속신앙촌, 제주영문, 유배소, 제주 무덤 등을 전문가의 고증을 통하여 100여 채에 달하는 전통가옥으로 조성한 관광지다. 제주민속촌 입구에 들어서자 물 긷는 제주 해녀상과 '보멍! 먹으멍! 놀멍!'이라고 쓰인 나무 장승 간판이 친근감 있게 시선을 사로잡았다. 제주의 전통 뗏목 테우, 다양한 돌하르방과 전통 초가집, 제주흑돼지가 살고 있는 통시, 조선시대 제주목의 관아 건물, 제주 장묘문화 등을 천천히 둘러보았다. 통

제주민속촌 정문

제주민속촌 영월정

제주흑돼지와 통시

제주민속촌 산촌

나무 10여 개를 나란히 엮어서 만든 원시적인 고깃배인 테우, 돼지가 쉴 수 있는 돗통(돼지막)과 사람이 일을 보는 뒷간으로 구성된 통시, 농사짓는 밭 한가운데 돌담으로 쌓아 올린 묘지 등은 다른 곳에서는 찾아볼 수 없는 제주만의 독특한 문화로 이국적이면서 신비스러웠다. 제주 장묘문화에 따르면 남자 묘지의 경우 영혼의 출입문인 시문(神門)이 왼쪽에 있는 반면 여자 묘지에서는 오른쪽에 있다. 이는 음양론(陰陽論)에 근거한 것이라고 한다.

제주 무덤

표선 해비치해변에서 해안가의 너른 검은 돌밭을 바라보며 걷다가 해녀 탈의장을 만났다. 이곳은 해녀들이 잠수복을 갈아입고 잠수 도구(잠수복, 테왁, 해산물을 넣는 망 등)를 보관하는 건물이다. 해안로를 따라 걷다가 거친 파도를 가르며 물질하는 제주 해녀들을 만났는데, 해녀들의 실력에 따라 얕은 바다에서 깊은 바다로 나아가면서 물질한다고 한다. 해녀들은 바다 깊이 잠수하는 능력에 따라 상군, 중군, 하군으로 구분되며, 최하수인 왕초보 해녀는 '똥군'이라는 애칭으로 불린다고 한다. 국내 희귀식물인 노란색 무궁화 '황근(黃槿)'의 자생지, 해녀들이 채취한 해산물로 직접 요리를 해주는 세화

황근(노란색 무궁화) 자생지

세화리해변에서 해녀들이 물질하는 풍경

세화2리 해녀의 집 식당

해병대길

토산2리 마을회관(중간 스탬프 찍는 곳)

2리 해녀의 집, 토산 산책로, 해병대길을 거쳐 토산2리 마을회관에서 중간지점 스탬프를 찍었다.

옥돔 마을인 태흥2리 포구에 도착하니 이곳이 제주를 대표하는 으뜸 생선인 옥돔이 많이 나는 어촌 마을이라는 것을 바로 알아볼 수 있게 거대한 붉은 옥돔상이 포구 입구에 세워져 있었다. 거대한 옥돔이 파닥거리며 당장 바다 위로 튀어 오를 것처럼 생동감이 넘쳐 매우 인상적이었다. 태흥2리 체육공원, 벌포연대를 구경하고 오후 5시에 남원포구에 도착하여 이번 일정을 마무리했다.

남원읍 태흥2리 옥돔 마을

벌포연대

남원포구

남원 → 쇠소깍

경이로운 기암절벽 큰엉 해안 산책로

거리(km) 14.5

시간(시, 분) 5:00

도보여행일: 2018년 03월 31일~04월 01일
코스개장일: 2008년 04월 26일

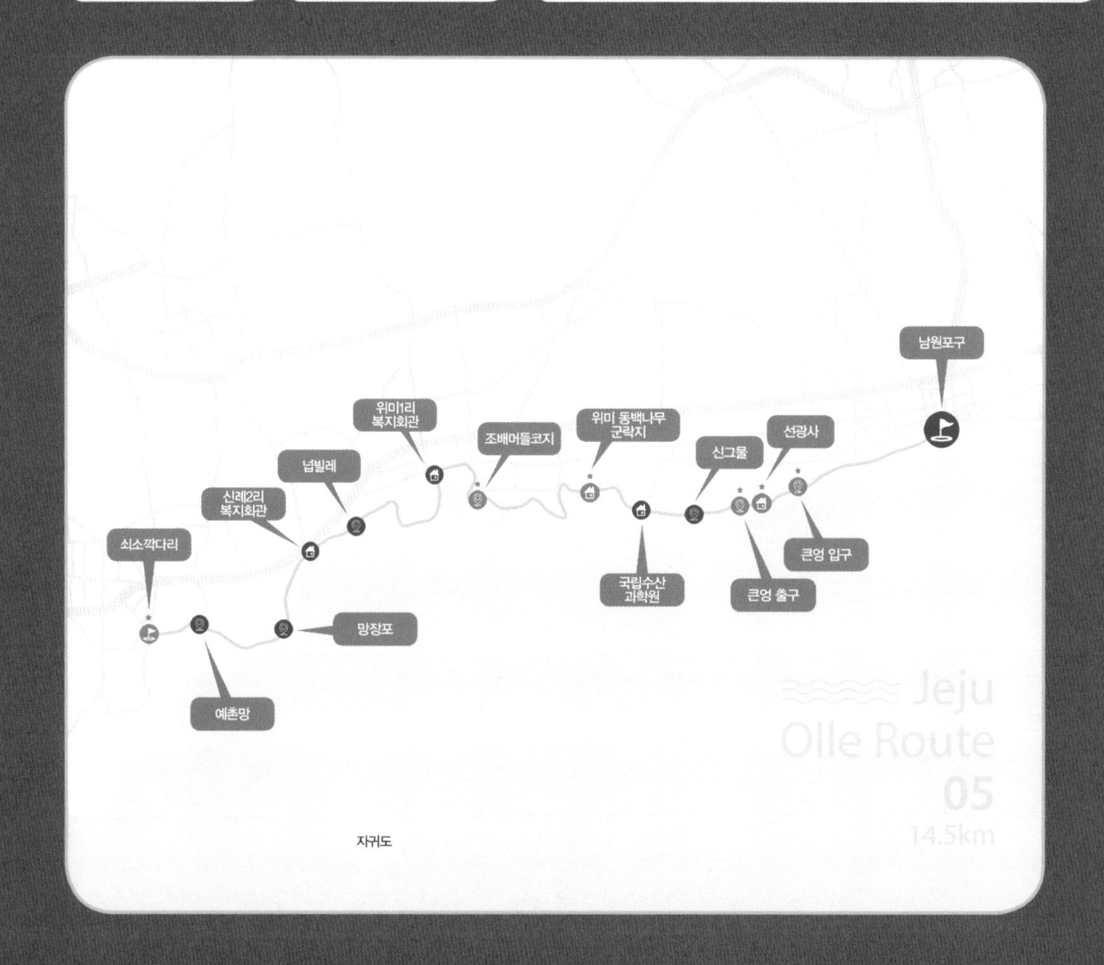

★ 꼭 들러야 할 필수 코스!

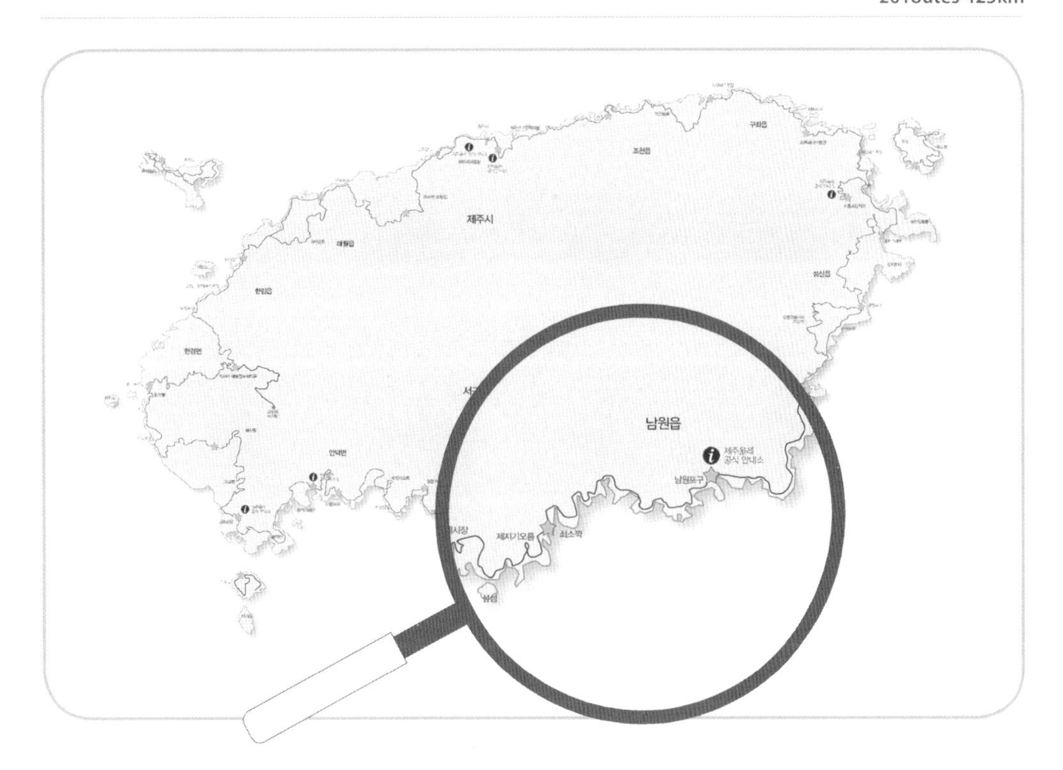
제주시
남원읍
제주올레 공식 안내소
남원포구
쇠소깍

남원포구
1.2K 0:20
★ 큰엉 입구
1.1K 0:20
★ 선광사
1.0K 0:20
★ 큰엉 출구
0.9K 0:20
신그물
1.1K 0:20
국립수산 과학원
0.7K 0:10
★ 위미 동백나무 군락지 (중간 스탬프)
1.7K 0:30
★ 조배 머들코지
1.4K 0:30
위미1리 복지회관
1.8K 1:00
넙빌레
0.9K 0:20
신례2리 복지회관
배고픈 다리
0.8K 0:20
망장포
0.7K 0:10
예촌망
1.2K 0:20
★ 쇠소깍다리

제주올레길 5코스 (남원포구~쇠소깍다리)

경이로운 기암절벽 큰엉 해안 산책로

위미리 해안 산책로

오후 5시, 남원포구의 제주올레 안내소에서 《가이드북 제주올레》 책자를 구입하고 남원1리 마을회관을 지나 큰엉 입구에 도착했다. 제주도의 남쪽 바다를 감상할 수 있는 아름다운 해안 산책로인 큰엉 경승지 산책로. 큰엉은 바닷가나 절벽 등에 뚫린 바위 그늘을 일컫는 제주 방언

제주올레 안내소(제5코스 시작지점)

큰엉

큰엉의 해안 절경

으로, 구럼비에서 서쪽 황토개까지 길이 2.2km에 달하는 해안가를 높이 15~20m에 이르는 기암절벽이 성을 두르듯 서 있는 해안 산책로이다. 인디언추장 얼굴바위, 호두암 · 유두암 바위(어머니 젖가슴과 까만 젖꼭지를 닮은 바위), 에메랄드빛 바다로부터 몰려오는 시원한 파도 소리를 들으며 한반도 지형도 감상하며 기암절벽 해안 산책로를 아슬아슬하게 걸었다.

인디언추장 얼굴바위

호두암, 유두암바위

큰엉의 한반도 지형

위미리 해안 산책로를 걷다가 제주 위미살이 풍경들을 사진에 담아 담벼락에 전시하고 있는 사진말 전문갤러리 '마음빛그리미'를 만났다. '위미살이 1. 미깡이우다'라며 위미리 귤밭에서 귤을 수확하는 사진과 위미리 귤에 대한 특징을 글로 함께 설명해주고 있어 인상적이었다. 우리는 갤러리 안으로 들어가 향긋한 커피 한잔을 마시며 사진들을 감상하다가 제주 토종인 제주흑우(黑牛)만을 전문적으로 찍은 김민수 사진작가의 작품을 만났다. 제주흑돼지, 제주 말이 유명하다는 것은 익히 들어 알고 있었으나 제주흑우가 존재한다는 사실은 이번에 처음 알았다. 갤러리 주인장께서 제주흑우 사진작가에게 직접 전화를 해주셔서 제주흑우의 독특한 매력이 흠뻑 담긴 소중한 사진첩을 구매할 수 있었다.

사진말 전문갤러리 '마음빛그리미'

제주흑우

위미 동백나무 군락지에서 중간지점 스탬프를 찍은 다음 위미항의 조배머들코지 부근에 있는 '일송회수산' 횟집에서 해녀들이 직접 채취한 자연산 활어와 청정 해산물로 저녁 식사를 했다. 전복, 문어, 고등어회, 새우, 해삼, 멍게 등 싱싱한 자연산 해산물로 한 상 차려졌는데 고소하고 쫄깃한 식감이 너무 좋았다. 뒤이어 나온 푸짐한 자연산 모둠 회!

위미 동백나무 군락지

이 횟집에서의 한 끼 저녁 식사는 눈과 입이 즐거운 힐링 밥상이었다. 해도 저물고 배도 불러 택시를 타고 서귀포의 굿인호텔에서 하룻밤을 보냈다.

위미항 근처에 있는 조배머들코지는 조배낭(구실잣밤나무)과 머들(돌동산)이 있는 코지(바닷가 쪽으로 튀어나온 땅)란 뜻으로 검은 기암괴석들로 유명했다. 넙빌레에서 바다 풍경을 마음껏 즐기고 신례2리 복지회관을 지나 망장포에 도착했다. 4월의 첫날. 아침 일찍 걷는 바닷길이 너무나 상쾌했다. 몸은 힘들어도 마음은 너무도 행복했다. 천천히 자

조배머들코지

넙빌레

신례2리 해안 산책로

연을 만끽하며 걸어가는 이 여유! 나는 참 잘 살았다. 이 순간이 있기에…. 망장포를 지나 예촌망을 거쳐 쇠소깍다리에서 이번 코스 여정을 마무리했다.

예촌망

쇠소깍 → 서귀포

옥빛 쇠소깍에서 시작되는 아름다운 바당올레

거리(km) 11.6

도보여행일: 2018년 04월 01일
코스개장일: 2007년 10월 20일

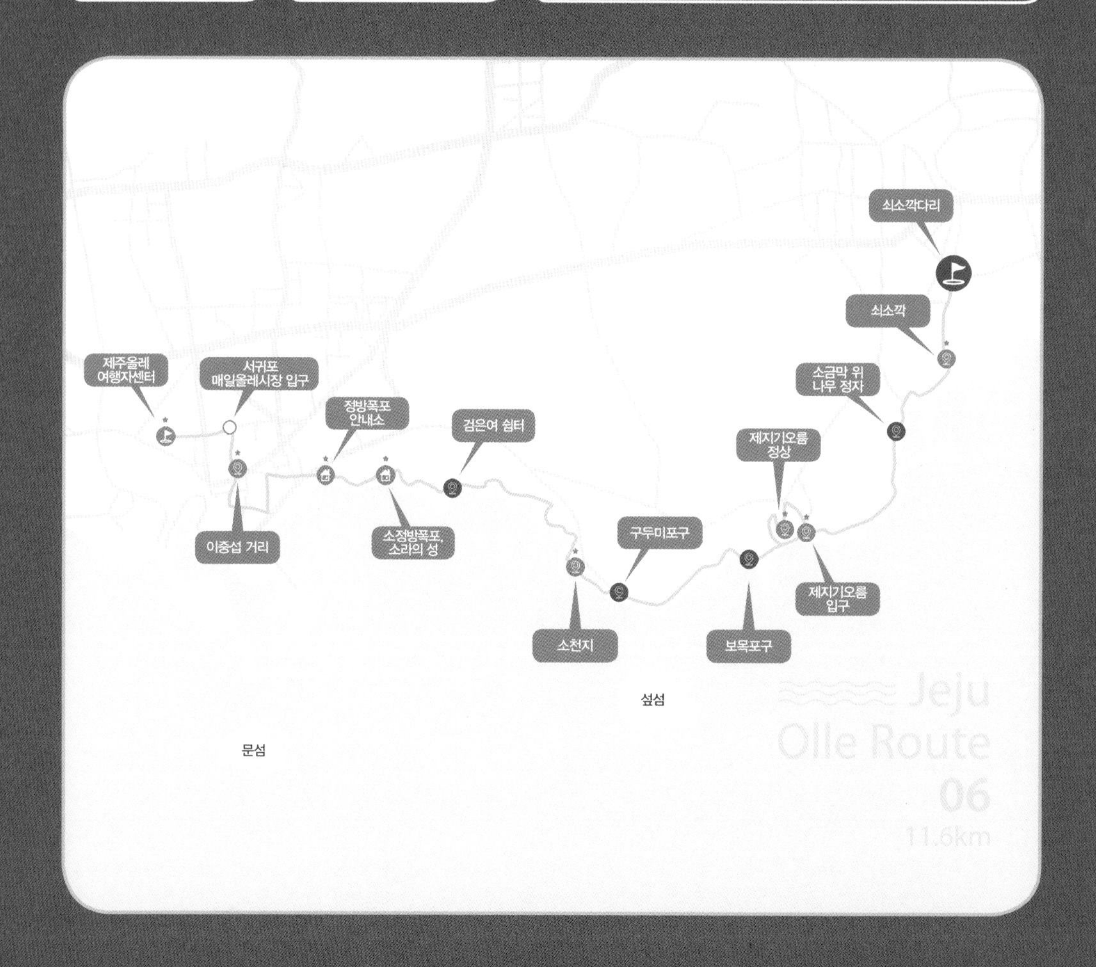

제주시
제주올레 공식 안내소
서귀포 매일올레시장
제지기오름
쇠소깍
기장
외돌개
서귀포항
섶섬
문섬

쇠소깍 다리
0.7K 0:15
쇠소깍
0.7K 1:00
소금막 위 나무 정자
0.5K 0:10
생이돌
0.9K 0:40
제지기오름 입구
0.6K 0:15
제지기오름 정상
0.6K 0:15
보목포구
1.3K 0:20
구두미 포구
0.5K 0:50
소천지
1.3K 0:30
검은여 쉼터
1.7K 0:30
소정방폭포, 소라의 성 (중간 스탬프)
0.4K 0:40
정방폭포 안내소
1.5K 0:40
이중섭 거리
0.4K 0:10
서귀포 매일올레시장 입구
0.5K 0:10
제주올레 여행자센터

제주올레길 6코스 (쇠소깍다리~제주올레 여행자센터)

옥빛 쇠소깍에서 시작되는 아름다운 바당올레

쇠소깍

쇠소깍은 한라산 백록담 남벽과 서벽에서 발원하여 서귀포 효돈 마을로 뻗은 하천과 바다가 만나는 하구(河口)를 말한다. 쇠소깍이라는 이름은 효돈의 옛 지명인 소를 의미하는 '쇠(牛)', 물웅덩이를 의미하는 '소(沼)', 제주어로 하구를 의미하는 '깍'에서 유래되었다고 한다. 전설에 의하면, 이곳에 용이 살았다고 하여 용소(龍沼)라고도 불렸다고 한다. 효돈천 계곡의 하천 지형은 은빛 모양의 기암괴석들로 경이로운 풍광을 자아내었고, 효돈천 하구의 쇠소깍은 은쟁반에 에메랄드빛 옥수(玉水)를 담아놓은 것처럼 신비하고 아름다웠다.

쇠소깍 상류 효돈천계곡

쇠소깍 상류

예로부터 해산물을 채취하여 현물로 세공을 바쳤다는 하효리 갯가인 소금막을 거쳐 바다 철새들이 앉아 놀았다는 '생이돌'에 도착하였다. 이 바위는 먼 바다로 고기잡이 떠난 아버지를 기다리는 어머니와 아들

소금막

하효포구

을 닮았다고 하여 '모자바위'라고도 불린다. 해안 산책로에 만발한 유채 꽃 물결이 서귀포 앞바다 섶섬과 어울려 한 폭의 그림 같았다.

생이돌(모자바위)

해안가 근처에 위치한 제지기오름은 남쪽 중턱에 자연적으로 생긴 굴이 있는데, 굴 안에 절과 절을 지키는 사람인 절지기가 살았다고 하여 절오름 또는 절지기오름이라고도 불렸다고 한다. 제지기오름 정상에서 바라본 섶섬과 보목포구 전경이 이탈리아 나폴리 항구를 보는 것처럼 아름다웠다. 보목포구 야외 커피숍에서 커피 한잔을 마시면서 쉬고 있는데, 사람들이 웅성거리며 시끄러운 소리가 들려 섶섬 앞바다 쪽을 바라보니 돌고래들이 수면 위를 오르락내리락하며 헤엄치고 있는 것이 아닌가? 야외 공연장에서 야생 돌고래 쇼를 보는 것 같았다. 현지 사람들에 따르면 섶섬 앞바다에는 돌고래들이 자주 출현한다고 한다.

제지기오름

제지기오름에서 바라본 하효동

구두미포구

백두산 천지 모습의 축소판이라는 소천지와 검은여 쉼터를 거쳐 소정방폭포 근처 소라의 성에서 중간지점 스탬프를 찍었다. 조금 걸어가자 폭포수가 직접 바다로 떨어지는 아시아 유일의 해안 폭포인 정방폭포에 도착했다. 20여 미터 높이에서 바다로 굉음을 내며 시원스럽게 떨어지는 물줄기를 쳐다보니 속이 뻥~ 뚫리는 상쾌한 기분이었다. 하루 종일 쌓인 심신의 피로가 한 방에 날아가는 것 같았다.

소천지

검은여 쉼터, 멀리 섶섬이 보인다

소정방폭포

정방폭포

서귀포를 대표하는 다채로운 문화 행사가 상시 열리는 '이중섭 거리', 제주 맛의 파라다이스 '아랑조을 거리'와 '칠십리음식 특화거리'에 들어섰다. 아랑조을 거리는 '알면 좋은 거리'란 뜻의 제주어로 매일올레시장 맞은편에 2005년에 조성된 대표음식 특화거리다. 이곳에서 제주 흑돼지구이, 제주한우, 말고기, 자연산 활어회, 꼼장어, 물회 등을 싱싱

이중섭 거리

하게 맛볼 수 있다고 한다. 이중섭 거리를 거닐면서 이중섭미술관도 관람하고, 이중섭 화가가 살았던 가택도 둘러본 후 서귀포 매일올레시장을 지나 서귀포의 제주올레 여행자센터에서 이번 일정을 마무리했다.

서귀포 매일올레시장

서귀포 → 월평

바람과 파도가 빚어낸 명품 외돌개

거리(km) 17.6

시간(시, 분) 7:15

도보여행일: 2018년 04월 02일, 04월 04일
코스개장일: 2007년 12월 18일

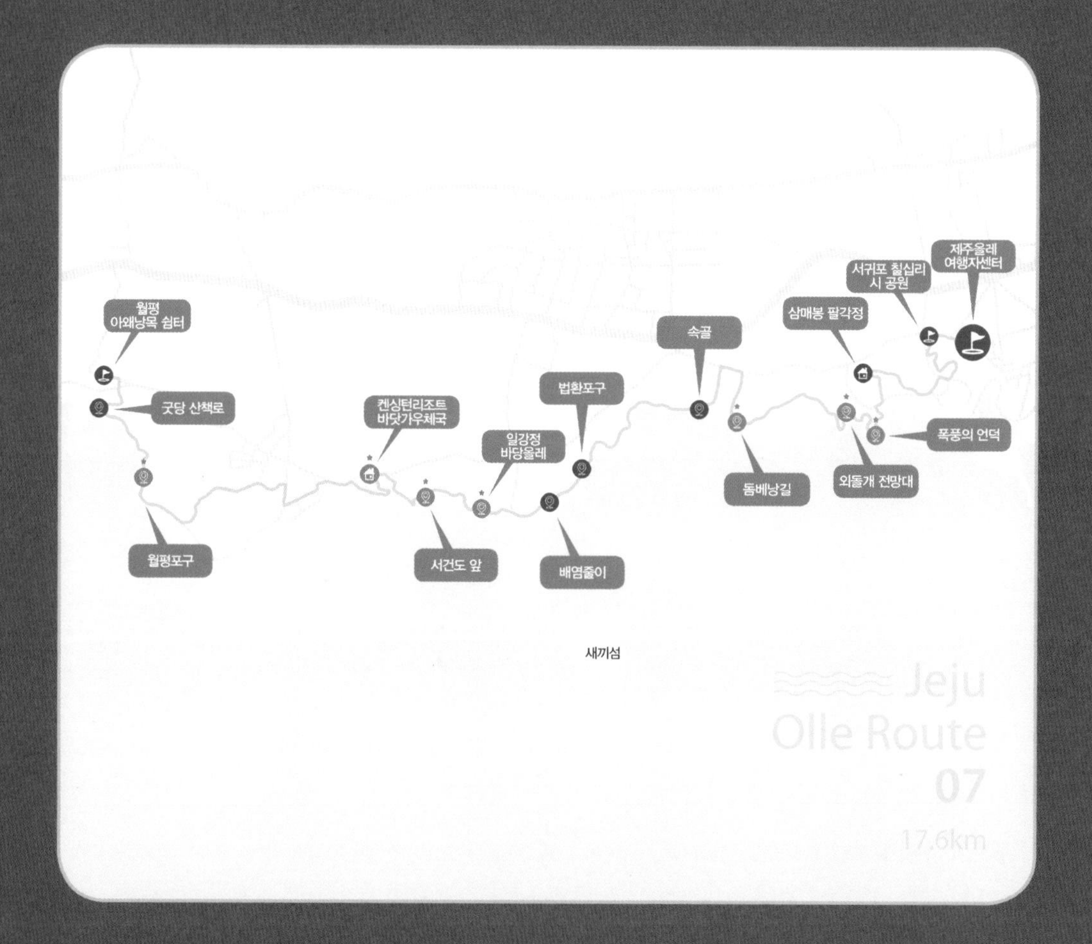

★ 꼭 들러야 할 필수 코스!

제주시
고근산
월드컵경기장

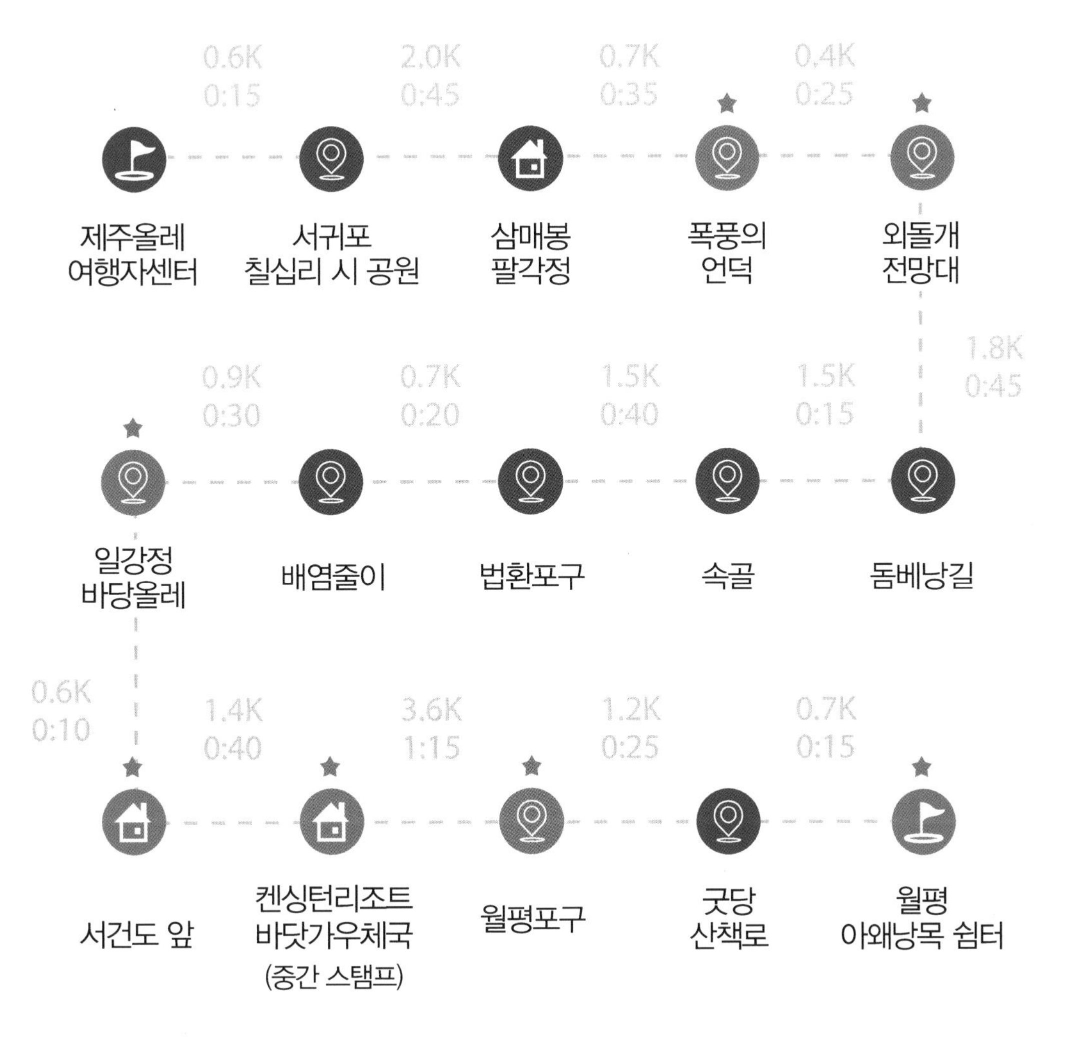
제주올레 여행자센터
0.6K 0:15
서귀포 칠십리 시 공원
2.0K 0:45
삼매봉 팔각정
0.7K 0:35
★ 폭풍의 언덕
0.4K 0:25
★ 외돌개 전망대
1.8K 0:45
돔베낭길
1.5K 0:15
속골
1.5K 0:40
법환포구
0.7K 0:20
배염줄이
0.9K 0:30
★ 일강정 바당올레
0.6K 0:10
★ 서건도 앞
1.4K 0:40
★ 켄싱턴리조트 바닷가우체국 (중간 스탬프)
3.6K 1:15
★ 월평포구
1.2K 0:25
굿당 산책로
0.7K 0:15
★ 월평 아왜낭목 쉼터

제주올레길 7코스 (제주올레 여행자센터~월평 아왜낭목 쉼터)

바람과 파도가 빚어낸 명품 외돌개

황우지해변의 황우지 12동굴

오후 3시 20분, 제주올레 여행자센터를 출발하여 서귀포 칠십리 시 공원에 도착했다. 공원에서 한라산을 바라보는 경치가 뭉게구름과 어우러져 너무 아름다웠고, 한일 우호 친선 매화공원과 천지연폭포도 너무 좋았다. 도예가 천치인 이형기의 작품 전시실을 둘러보고 벚꽃이 만발

서귀포 칠십리 시 공원에서 바라본 한라산

삼매봉 팔각정에서 바라본 서귀포시 풍경

한 길을 따라 삼매봉에 올랐다. 삼매봉 팔각정에서 서귀포시를 바라보는 경치는 장관이었다.

외돌개는 삼매봉 앞바다에 홀로 외롭게 서 있는 높이 20m, 폭 7~10m의 돌기둥으로, 약 12만 년 전에 형성되었다고 한다. 고려 말 최영 장군이 원나라를 물리칠 때 범섬으로 달아난 세력들을 토벌하기 위하여 외돌개를 장군 모습으로 변장시켰다고 해서 '장군바위'라고도 불린다. 주변 해안은 파도의 침식작용으로 형성된 해식절벽과 동굴로 절경을 이루고 있었는데, 선녀탕, 신선바위, 폭풍의 언덕, 기차바위, 우두암 등이 있다. 일제강점기 때 제주민들의 피를 말리고 뼈를 깎는 고통으로 만들어진 황우지해변의 12동굴도 구경할 수 있었다. 일본은 태평양

외돌개

선녀탕

전쟁 말기 제주를 통한 미국의 일본 본토 상륙에 대항하기 위하여 제주 전역을 요새화하려 했다. 그 과정에서 황우지해변에 회천(回天)이라는 자폭용 어뢰정을 숨기기 위한 12개의 동굴을 제주민들을 강제로 동원

시켜 팠다고 한다. 해안가로 내려가 황우지해변을 따라 늘어선 12동굴을 바라보니 가슴이 먹먹해지며 눈시울이 뜨거워졌다. 다시는 나라 잃는 설움은 겪지 말아야겠다고 다짐했다.

외돌개 전망대를 지나 감귤이 풍성하게 열려 있고 유채꽃이 만발한 돔베낭길을 걸었다. 대륜동 해안올레길로 들어선다는 아기자기한 스토리 우체통을 지나 푸른 하늘로 쭉쭉 뻗어 있는 이국적인 야자나무 숲길을 만났다. 시원한 바닷바람을 맞으며 유채꽃 너머 아름다운 범섬을 바라보며 걷는 해안 길은 그 자체가 힐링이었다. 야자나무 숲 사이로 난 속골을 지나 일냉이에서 바다 풍경을 만끽하면서 범환동 일대의 솟아

돔베낭길의 싱싱한 한라봉

대륜동 해안올레길의 스토리 우체통

속골의 야자나무 숲길

일냉이

나는 물인 공물에 도착했다. '물이 나고 나지 않음이 하늘에 의해 좌우된다'고 하여 공물이라 불렀다고 한다.

한치로 유명한 법환포구, 배염줄이를 지나 '올레요 이레 7쉼터'인 서건도 앞 쉼터에서 잠시 쉬었다. 서건도를 배경으로 색색의 자전거와 의자들을 배치한 쉼터가 인상적이었다. 서건도란 이름은 섬의 토질이 죽은 흙으로 되어 있다고 하여 '썩은 섬'에서 유래되었다고 한다. 저 멀리 포구에 엄청난 규모의 방파제가 세워져 있는 걸 보니 강정 마을 사람들

법환포구

서건도 앞 '올레요 이레 7쉼터'

의 반대에도 불구하고 핵잠수함 기지는 이미 들어선 것 같았다. 드디어 켄싱턴리조트 바닷가우체국에 도착하였다. 우리는 소원 편지를 써서 우체통에 넣고 야외 우편엽서판에서 기념사진도 찍었다.

켄싱턴리조트 바닷가우체국

강정항

강정 마을 해군기지 설치 반대 농성장

월평포구

서귀포 중문단지까지 이어지는 기암절벽 해안가를 걸으며 파란 하늘, 에메랄드빛 바다, 검은 자갈 해변과 기암절벽이 어우러져 만들어낸 비경을 즐겼다. 서귀포시 식수원으로 1급수의 맑은 물이 흐르는 강정천을 따라 걸으며 왜 이곳에 해군기지가 들어서야만 했는지 안타까웠다. 해안 주상절리대를 감상하면서 강정 마을로 들어서는데 사방이 해군기지 설치 반대 운동의 현수막들로 가득해 지나가기가 무서웠다. 강정 마을 사람들의 눈빛에 원망과 한이 서려 있었다. 왜 해군기지 설치를 반대하는지 물어보고 싶었지만 무섭기도 하고 신변의 안전이 염려되어 꾹 참고 아쉬운 마음을 달래며 트레킹을 이어갔다. 월평포구를 거쳐 굿당 산책로를 지나 월평 아왜낭목 쉼터에 도착하여 이번 일정을 마무리했다.

월드컵경기장 → 서귀포

제주만의 신비스러움을 간직한 엉또폭포와 하논분화구

거리(km) 15.0

도보여행일: 2018년 04월 02일
코스개장일: 2008년 12월 27일

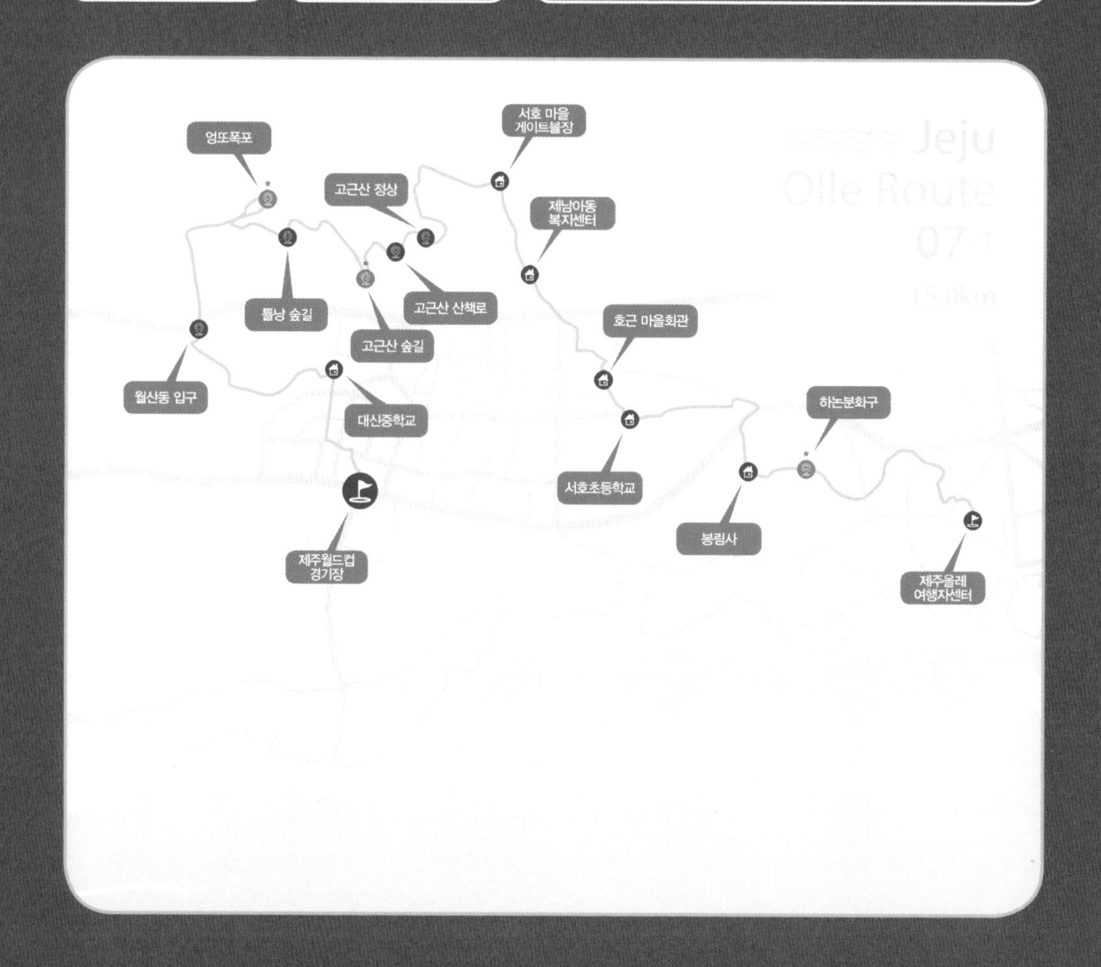

★ 꼭 들러야 할 필수 코스!

제주시
고근산
제주올레
공식 안내소
서귀포 매일올레시장
베릿내오름
월평 마을
월드컵경기장
외돌개
서귀포항
범섬
문섬

1.3K
0:20
1.6K
0:30
1.3K
0:30
1.0K
0:40
제주월드컵
경기장
대신
중학교
월산동
입구
★
엉또폭포
틀낭
숲길
0.5K
0:10
0.9K
0:15
1.6K
0:25
0.3K
0:20
0.8K
0:30
제남아동
복지센터
(중간 스탬프)
중문 색달
해수욕장
고근산
정상
고근산
산책로
★
고근산
숲길
1.0K
0:20
0.5K
0:10
1.6K
0:20
0.2K
0:10
2.4K
0:50
호근
마을회관
서호
초등학교
봉림사
★
하논
분화구
제주올레
여행자센터

제주올레길 7-1코스 (제주월드컵경기장~제주올레 여행자센터)

제주만의 신비스러움을 간직한 엉또폭포와 하논분화구

하논분화구, 구름 아래 한라산이 아름답다

제주의 오름과 화산 분화구를 형상화했다는 거대한 조형물 제주월드컵경기장에서 인증 샷을 찍고 본 여정을 시작하였다. 나이가 지긋하신 올레꾼 한 분이 우리 쪽으로 오시더니 '나도 작년에 은퇴를 하고 제주에서 일 년 살이를 하면서 제주의 오름들을 수백여 개 오르고 있다'며 행복한 얼굴로 쉴 틈 없이 말씀하셨다. 그 모습이 마치 전쟁에서 승리한 장수가 무용담을 말하는 것 같았다. 많은 분이 제주살이를 하면서 마음과 몸을 치유한다고 생각하니 우리도 올레길 트레킹을 선택하길 잘 한 것 같아 가벼운 발걸음으로 중산간 길을 오르기 시작하였다.

제주월드컵경기장

월산동에서 바라본 서귀포 강정 마을 전경

엉또폭포 초입

감귤밭 사이를 지나 악근천 상류로 올라가니 기암절벽과 천연 난대림 숲으로 울창한 엉또폭포에 도착하였다. 엉또폭포는 평소에는 물이 없이 천연 난대림 숲속에 숨어 있다가 산간 지역에 70mm 이상의 비가 내릴 때 일시적으로 생기는 높이 50여 미터에 달하는 독특하고 웅장한 폭포다. '엉'은 작은 바위 그늘집보다 작은 굴, 또는 입구를 표현하는 제주어다. 우리가 방문했을 때 아쉽게도 물이 마른 상태였지만 엉또폭포 농원에서 동영상을 틀어줘 웅장하고 시원한 엉또폭포의 장관을 간접적으로 경험할 수 있었다. 엉또폭포 입구에는 키스동굴이 있는데 이곳에서 연인들이 키스하면 백년해로한다고 쓰여 있었다. 믿거나 말거나지만 엉또 산장지기의 유머와 재치가 우리 마음을 훈훈하게 해주었다.

엉또폭포, 평소에는 물이 없다

장마철의 엉또폭포

엉또폭포 입구의 키스동굴

엉또폭포를 거쳐 감귤밭 돌담길을 오르자 억새밭이 펼쳐진 고근산 정상에 도착하였다. 고근산 정상은 시야가 탁 트여 강정포구 일대와 서귀포시 전경이 한눈에 들어왔고, 바람에 흔들리는 억새밭 너머로 한라

고근산 정상에서 바라본 한라산 중산간 지역 전경

고근산 정상에서 바라본 서귀포 전경, 멀리 산방산이 보인다

서호 마을의 동백꽃과 유채꽃

제남아동복지센터

산 전 능선이 마치 병풍을 두른 듯 서 있는 풍경이 장관이었다. 고근산을 내려와 제남아동복지센터에서 중간지점 스탬프를 찍고 봉림사를 지나 하논분화구에 도착하였다.

호근 마을에서 바라본 한라산

봉림사

하논분화구는 동양 최대의 마르(MAAR)형 분화구로 과거 5만 년 동안의 고기후 · 고생물 등 지구 생태계 정보가 고스란히 보관된 타임캡슐 같은 곳이라고 한다. 하논은 '큰 논'이라는 뜻으로 제주도에서는 드물게 분화구에서 솟아난 용천수로 논농사를 지었다고 한다. 분화구 안으로 내려오니 한라산 자락 아래 아름다운 붉은색 야생화들로 가득 찬 넓은 평야지대가 펼쳐졌다. 걸매생태공원을 거쳐 제주올레 여행자센터에 도착해 센터 앞 '삼보식당'에서 전복뚝배기로 점심 식사를 했다.

하논분화구에 만발한 자운영꽃

월평 → 대평

천상낙원 주상절리대와 천제연폭포

거리(km) 19.8

시간(시, 분) 6:45

도보여행일: 2018년 04월 04일~04월 05일
코스개장일: 2008년 03월 22일

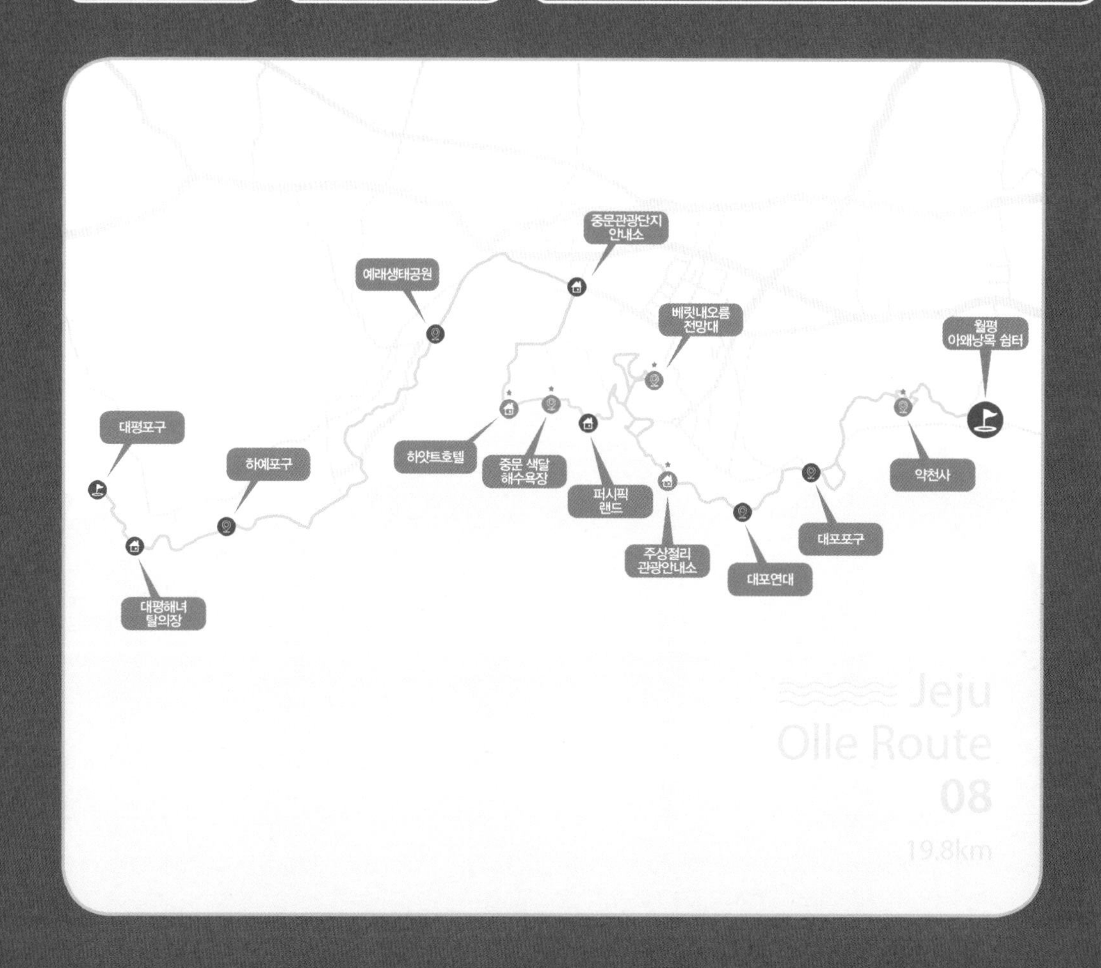

★ 꼭 들러야 할 필수 코스!

Jeju Olle Trail Route Information
26 routes 425km

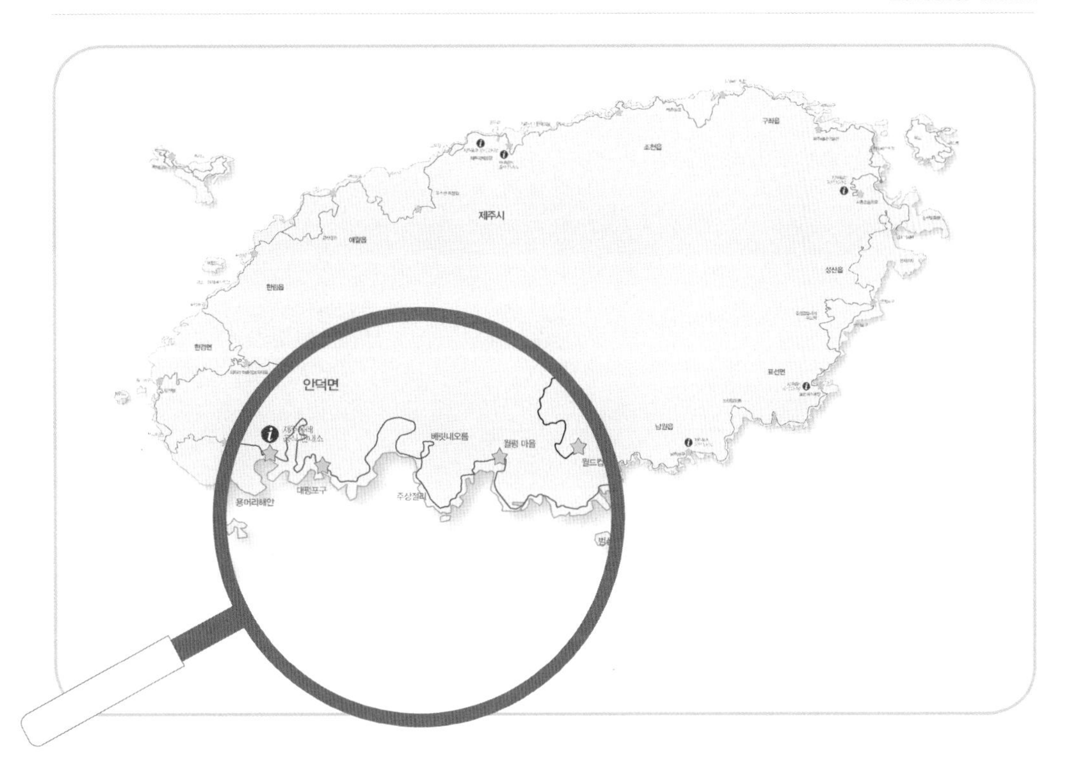

제주올레길 8코스 (월평 아왜낭목 쉼터~대평포구)

천상낙원 주상절리대와 천제연폭포

중문대포해안 주상절리대

월평아왜낭목쉼터

동양 최대 규모의 법당 대적광전으로 유명한 약천사는 경내의 하르방과 야자수, 탁 트인 제주 앞바다와 더불어 이국적인 풍광을 자아냈다. 약천사 경내를 둘러본 후 대포포구를 지나 중문주상절리 관광안내소에 도착하여 중간지점 스탬프를 찍고 당일 일정을 마무리했다. 중문관광단지 내 수타 전문점 '류차이'에서 잡탕밥으로 저녁 식사를 하고 택시를 타고 서귀포 버스터미널에 도착한 후 시외버스로 한림리 숙소로 귀가했다.

약천사 대적광전

대포포구

주상절리란 한라산 백록담으로부터 흘러내린 용암이 바다와 만나 급격하게 식으면서 수축작용에 의해 균열이 발생하고, 그 균열들이 수직으로 발달하면서 생긴 육각형 모양의 기둥을 말한다. 마치 해안가에 벌집을 지은 것같이 늘어선 수많은 검은 육각형 돌기둥에 에메랄드빛 파도 물결이 몰려와 부딪혀 하얗게 산산이 부서지는 풍경은 자연이 빚

야자수길

주상절리대

어낸 경이로운 장면 그 자체였다. 중문관광단지에서는 대형 소라, 돌고래, 제주 전통 토기 등 다양한 야외 조형물들이 많이 세워져 있어 트레킹의 피로를 한 방에 날려주었다.

중문관광단지를 지나 천제연폭포가 있는 베릿내오름을 오르기 시작했다. 베리는 제주어로 '절벽', 베릿내는 '절벽이 있는 개울'을 의미한다. 베릿내오름 정상까지 목제 난간과 계단들이 잘 정비되어 있었다. 천제연폭포는 3단 폭포로 구성되어 있는데, 제일 높은 곳에 위치한 1폭포는 주상절리로 둘러싸인 벽과 땅속에서 솟아난 용천수로 이루어진 폭포수

천제연 제1폭포

천제연 제2폭포

로 에메랄드빛 연못에 비친 주상절리대 풍광이 압권이었다. 2폭포는 천제연 설화에 등장하는 칠선녀 조각이 새겨진, 무지개 형상의 대형 아치형 다리인 선임교를 지나 조금 내려가다 만났다. 3폭포는 가장 멀리 떨어져 있는 제일 작은 폭포로 맷돌처럼 작다고 해서 '고레(맷돌의 제주

천제연 제3폭포

어)소'라고 불린다고 한다. 쏟아지는 물줄기 부분이 맷돌의 손잡이를 닮은 것 같았다. 베릿내오름 목제 난간 계단을 내려오다 탁 트인 성천포구 경관을 바라보니 속이 펑 뚫리는 듯 시원했다.

퍼시픽랜드 '더 클리프'에서 흑돼지돈가스로 점심 식사를 하고 중문 색달해변으로 이동하였다.

중문 색달해변은 절벽에 둘러싸인 길이 약 560m, 폭 50m의 모래언

중문 색달해수욕장

하얏트호텔

덕으로 되어 있는 해수욕장으로 모래 색이 흑색, 적색, 백색, 회색의 네 가지 색을 띠는 아름다운 해변이다. 백사장이 양궁의 활처럼 되어 있다고 하여 '진몸살'이라고 불린다고 한다. 시원한 바닷바람을 맞으며 중문 색달해변 백사장을 지나 하얏트호텔 해안 산책로로 접어들었다. 해안가 주변 경치도 너무 아름답고 기분도 상쾌했다.

논짓물

예래생태공원을 지나 논짓물을 구경하고 마음껏 바다 향기를 맡으며 걷다 보니 대평포구에 도착했다. 이탈리아 산토리니에 온 것처럼 이국적인 하얀색 화덕피자집 '3657 PIZZERIA'가 시선을 사로잡았다. 서울 모 외식 업체 회장님이 사원들을 위해 지은 피자집으로 '1년 365일 동안 행운(7)이 깃들길 기원한다'는 의미에서 3657로 상호를 지었다니 정말로 멋지고 존경스러운 회장님이시다. 시간이 없어 화덕피자를 맛보지 못한 아쉬움을 달래며 이번 일정을 마무리했다.

하예포구

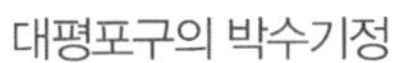

대평포구의 박수기정

대평포구

대평 → 화순

원나라로 끌려가는 공마들이 거닐던 슬픈 비렁길

거리(km) 7.6

도보여행일: 2018년 04월 06일
코스개장일: 2008년 04월 26일

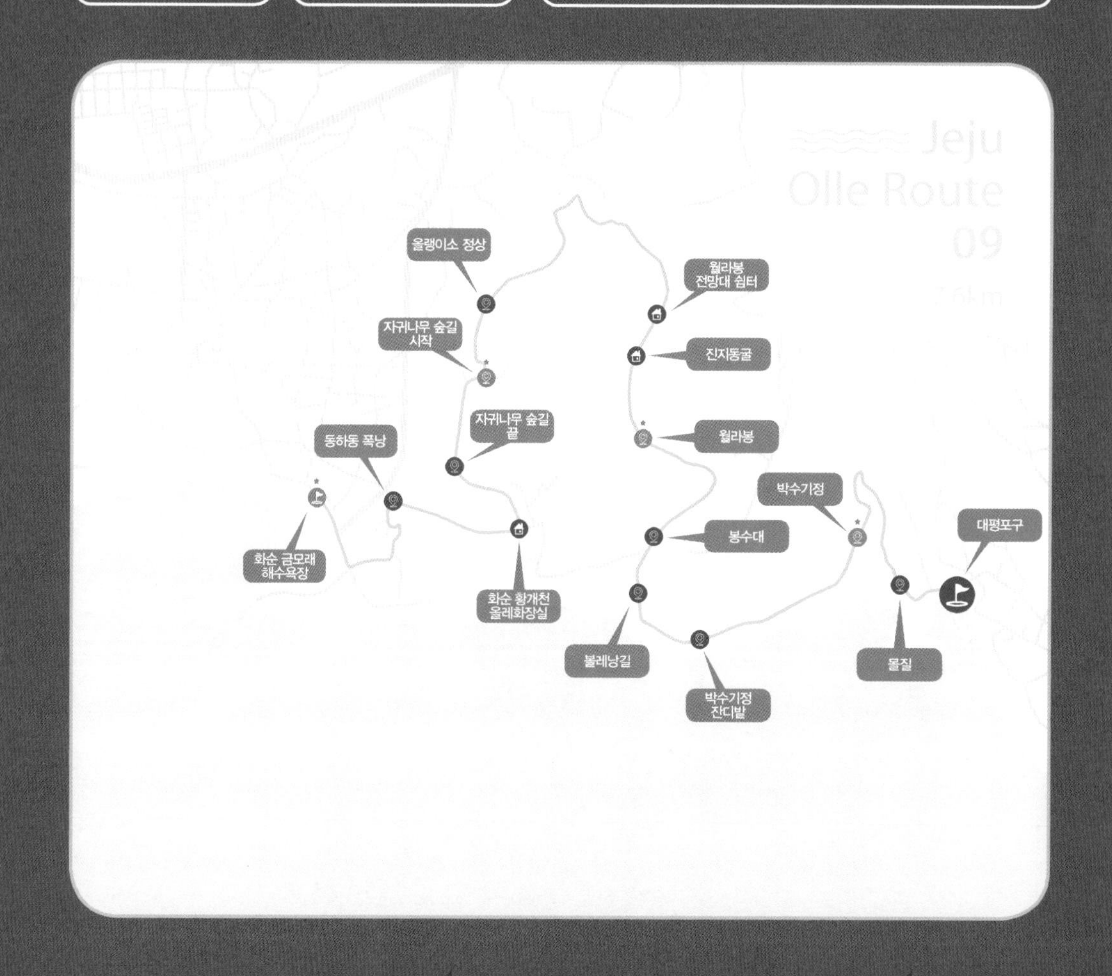

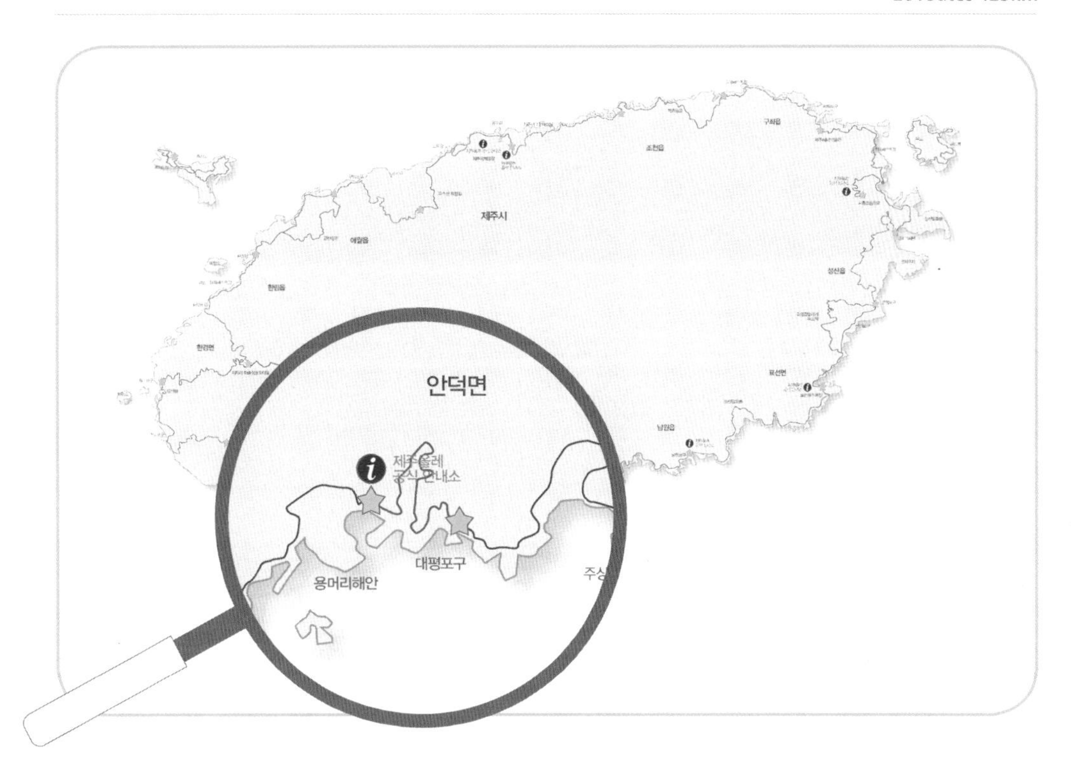
제주시
안덕면
용머리해안
대평포구

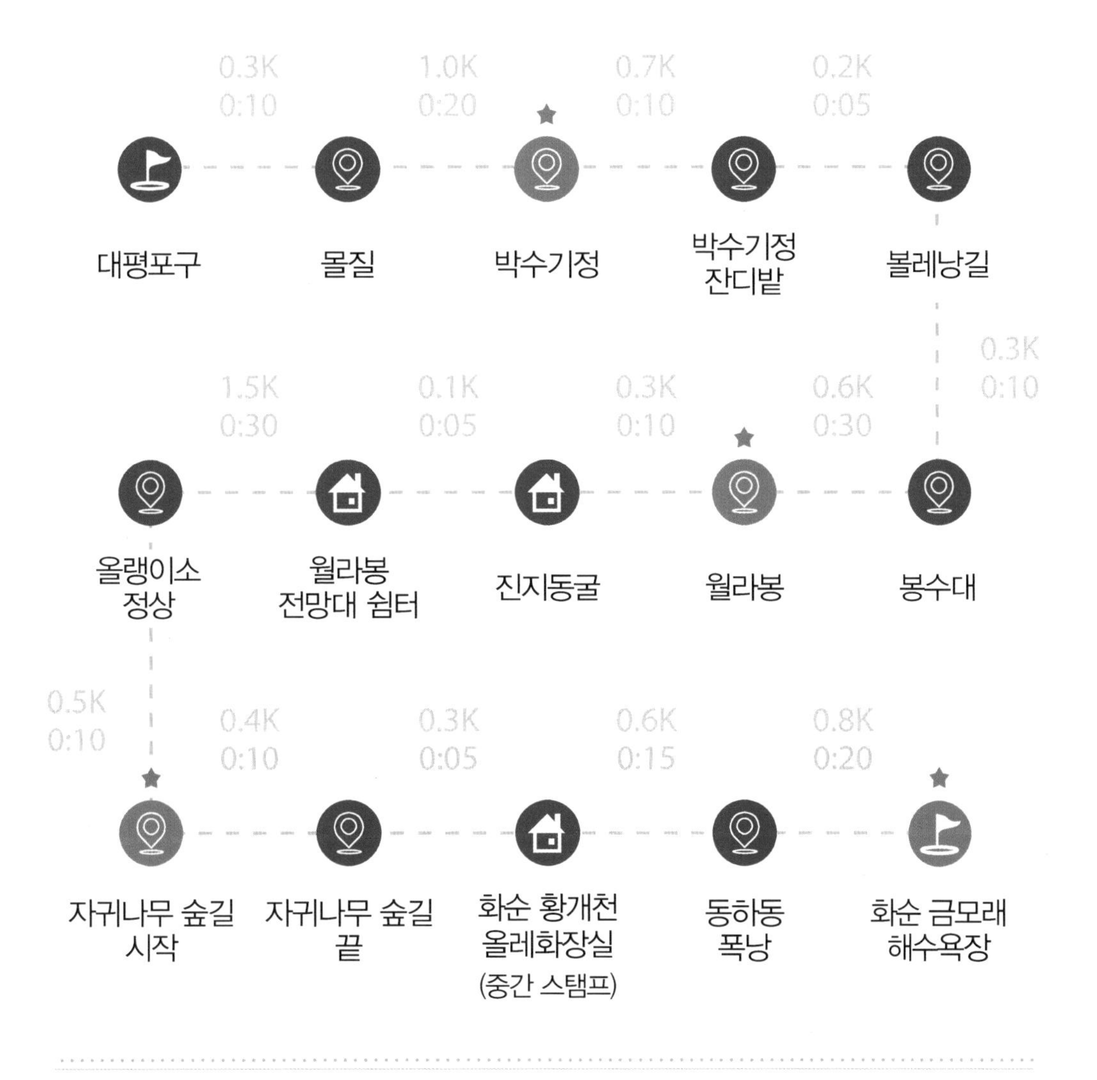
대평포구
0.3K 0:10
몰질
1.0K 0:20
★ 박수기정
0.7K 0:10
박수기정 잔디밭
0.2K 0:05
볼레낭길
0.3K 0:10
봉수대
0.6K 0:30
★ 월라봉
0.3K 0:10
진지동굴
0.1K 0:05
월라봉 전망대 쉼터
1.5K 0:30
올랭이소 정상
0.5K 0:10
★ 자귀나무 숲길 시작
0.4K 0:10
자귀나무 숲길 끝
0.3K 0:05
화순 황개천 올레화장실 (중간 스탬프)
0.6K 0:15
동하동 폭낭
0.8K 0:20
★ 화순 금모래 해수욕장

제주올레길 9코스 (대평포구~화순 금모래해수욕장)

원나라로 끌려가는 공마들이 거닐던 슬픈 비렁길

박수기정 정상에서 바라본 대평포구

대평리의 원래 이름은 '난드르'인데, 이는 '평평하고 긴 들판'을 의미한다. 대평포구의 옛 이름은 '당케'로 중국 당나라와 원나라에 말과 소를 상납하는 세공선과 교역선이 왕래한 연유로 그렇게 불렀다고 한다. 조선시대 화첩인 '탐라순력도'에 따르면 옛날 탐라국 시기 때 당나라와의 교역이 활발했던 항구라 하여 당포라고도 불렀다고 한다. 일제강점기 때는 이 항구 근처에 큰 소나무가 있어 송항 또는 송포라고도 불렀다고 한다.

대평포구에서 가파른 몰질(말들을 몰고 다니는 길)로 들어서면 깎아지른 바위들이 해안가를 병풍처럼 둘러싼 벼랑이 나타나는데 이곳이 박수기정이다. 박수기정은 박수(바가지로 마실 샘물)와 기정(벼랑)이라는 제주어의 합성어로 기정(벼랑) 아래 지상 1m 암벽에서 항상 솟아 나

몰질, 원나라에 군마를 운반하던 길

월라봉에서 바라본 화순 금모래해변과 산방산

오는 샘물을 바가지로 떠먹었다고 해서 붙은 이름이라고 한다. 박수기 정 정상에서 대평포구를 내려다보는 풍광은 장관이었다. 깎아지른 듯한 좁은 벼랑길을 따라 걷다 보리수가 우거진 볼레낭(제주어로 보리수)길을 지나자 월라봉으로 들어서는 가파른 나무 계단이 나타났다. 월라봉에 오르니 남제주화력발전소와 화순리 마을, 종처럼 우뚝 솟은 산방산이 한눈에 들어왔다.

월라봉에는 일제강점기 태평양전쟁 막바지인 1945년 제주도를 결사 항전의 군사기지로 만들기 위하여 파놓은 '안덕 월라봉 일제 동굴진지'가 7개 있다. 그중 하나의 동굴 내부로 들어가 보니 공간이 꽤 넓었다. 일본군의 막바지 발악으로 제주도민들이 받았던 고통을 생각하니 가슴이 먹먹해졌다. 다시는 나라 잃는 설움을 당하지 않도록 우리 모두 정신을 바짝 차려야겠다는 다짐을 하며 기암괴석과 울창한 자귀나무 숲으로 이루어진 안덕계곡을 따라 내려왔다.

안덕 월라봉 일제 동굴진지

안덕계곡 올랭이소

황게창에서 중간지점 스탬프를 찍고 잠시 휴식을 취한 다음 화순리 선사 마을, 한국남부발전소를 지나 폭낭 쉼터에서 멋진 나무 한 그루를

황게창

한국남부발전소

사진에 담고 종착지인 화순 금모래해수욕장에 도착했다. 화순 금모래해수욕장은 방파제 공사로 모두 파헤쳐져 몹시 흉해 보였다.

폭낭 쉼터의 팽나무

화순 → 모슬포

최고의 트레킹 코스 산방산 · 송악산 해안 산책로

거리(km) 17.5

시간(시, 분) 6:40

도보여행일: 2018년 04월 06일
코스개장일: 2008년 05월 23일

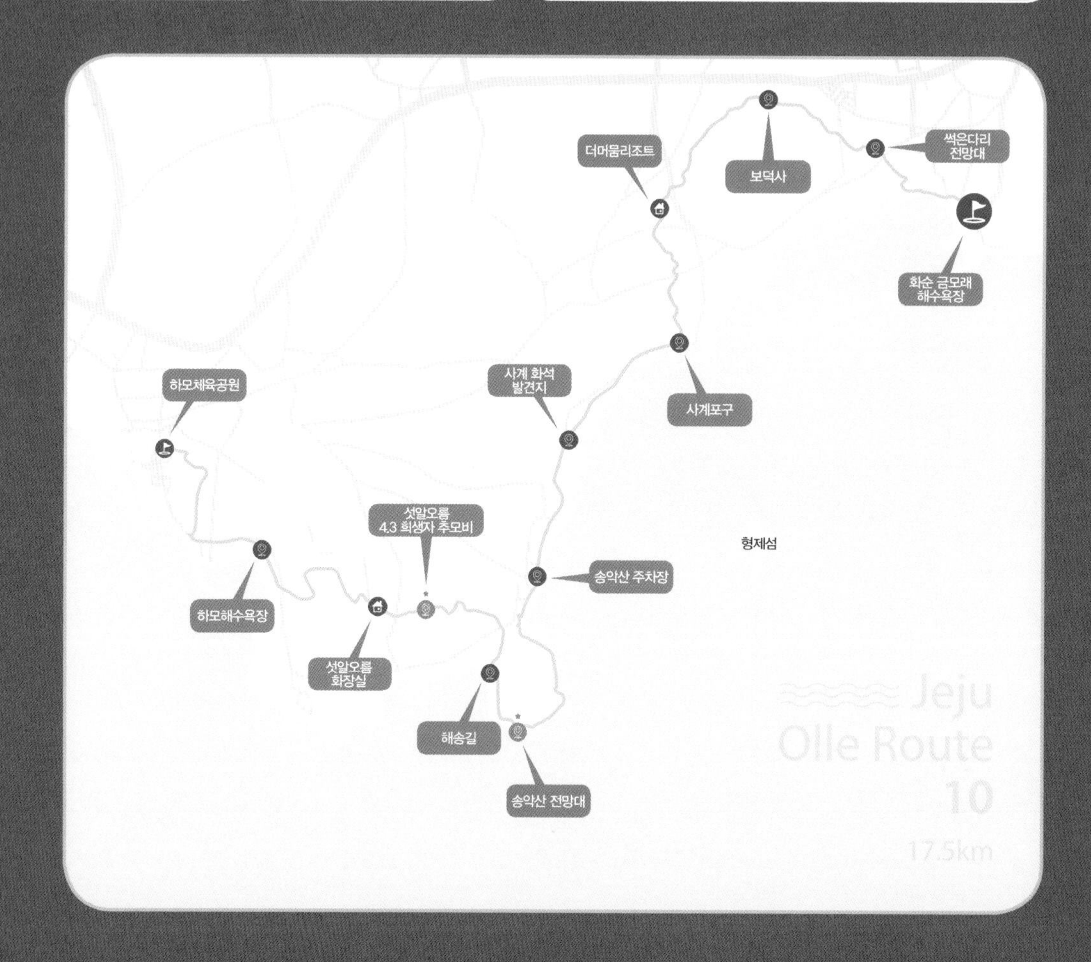

★ 꼭 들러야 할 필수 코스!

제주시
애월읍
한림읍
한경면
안덕면
모슬봉
제주올레
공식 안내소
모슬포항
용머리해안
대평포구
송악산
가파도

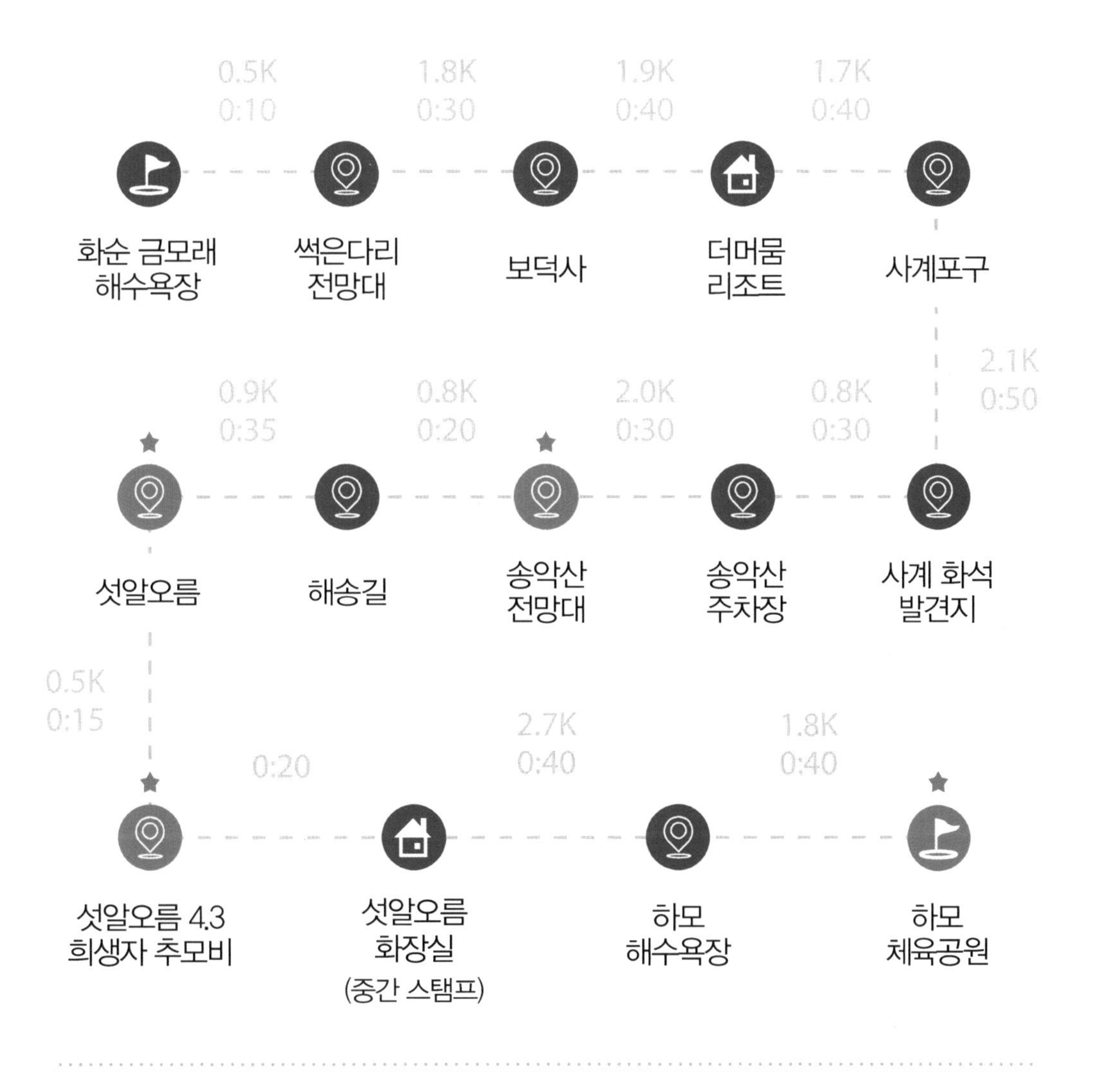
0.5K
0:10
1.8K
0:30
1.9K
0:40
1.7K
0:40
화순 금모래 해수욕장
썩은다리 전망대
보덕사
더머뭄 리조트
사계포구
2.1K
0:50
0.9K
0:35
0.8K
0:20
2.0K
0:30
0.8K
0:30
섯알오름
해송길
송악산 전망대
송악산 주차장
사계 화석 발견지
0.5K
0:15
0:20
2.7K
0:40
1.8K
0:40
섯알오름 4.3 희생자 추모비
섯알오름 화장실
(중간 스탬프)
하모 해수욕장
하모 체육공원

제주올레길 10코스 (화순 금모래해수욕장~하모체육공원)

최고의 트레킹 코스 산방산 · 송악산 해안 산책로

송악산에서 바라본 사계리 해안과 산방산

화순 금모래해변을 지나 썩은다리 전망대에 올라 산방산 일대의 조망을 감상하고, 산방산둘레길을 따라 산방산을 한 바퀴 돌아 용머리해안으로 나왔다. 용머리해안은 지형이 마치 용이 바다를 향해 나아가는

화순 금모래해변, 산방산이 정면에 있다

썩은다리 전망대에서 바라본 화순 금모래해변

산방산

형상이라고 하여 붙여진 이름이다. 산방산 입구 피자전문점인 '모앤힐 카페'에서 문어피자로 점심 식사를 했는데, 문어의 쫄깃한 식감과 치즈가 듬뿍 들어간 피자의 고소한 맛이 일품이었다.

사계리의 발자국 화석

형제해안로

형제섬

고즈넉한 밭길 사이를 걷다 보니 사계포구가 나왔다. 포장도로와 나란히 모래밭 길, 시멘트 둑길, 바다 숲길, 흙길을 걸었다. 제주의 바닷바람과 파도를 만끽하면서 해안도로를 걷다가 사계 화석 발견지에 도착하였다. 천연기념물 제464호로 지정된 신석기시대의 사람 발자국, 새 발자국 등이 발견된 곳인데, 울타리를 쳐놓아 들어가지는 못했다. 저 멀리 바다 위에 떠 있는 형제섬을 바라보며 송악산으로 걸어가는 형제해안로는 해안가에 펼쳐진 금빛, 은빛, 검정빛 바위들의 향연으로 잠시도 눈을 뗄 수가 없었다.

사계리해안과 산방산

산이물

송악산 해안동굴진지

드디어 송악산 해안 산책로 입구에 도착하였다. 송악산 분화구를 시계 방향으로 한 바퀴 돌아 내려오는 길로 목제 계단이 잘 정비되어 있어 걷기에 편했다. 시원한 바닷바람을 맞으며 송악산에서 내려다본 사계포구와 산방산 전경은 한 폭의 풍경화를 보는 듯 너무 아름다웠다.

형제섬 앞바다에서는 관광객들이 잠수함을 타고 바닷속을 구경하고 있었고, 송악산오름 정상에는 말들이 풀을 뜯고 있었다. 송악산 전망대에 이르자 눈앞에 가파도와 마라도가 펼쳐졌다.

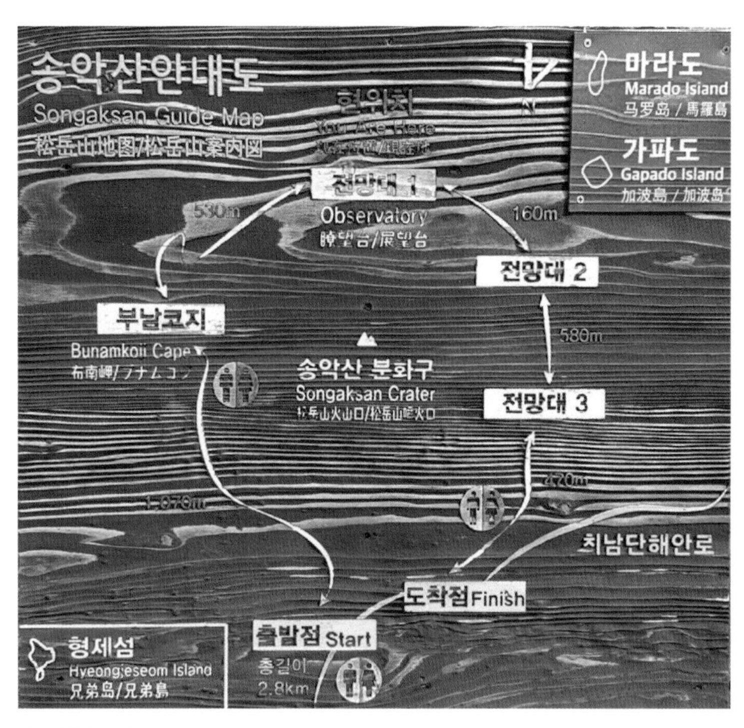

송악산 안내도

송악산 해저잠수함

송악산 해안 산책로 해송길

청보리밭으로 유명한 가파도! 산들바람에 흔들리는 청보리밭 향연을 생각하며 송악산 해안 산책로를 돌아 내려오자 태평양전쟁 때 알뜨르비행장을 보호하기 위해 일본이 만든 '섯알오름 일제 고사포 진지'가 보였다. 조금 더 나아가자 한국 현대사에서 가장 아픈 상처를 남긴 '제주 4.3 유적지 섯알오름 양민 학살터'에 도착하였다. 이 학살터는 1950년 한국전쟁이 발발하자 치안국의 '예비검속'이라는 명목하에 모슬포부대 해병대 군인들이 무차별 학살을 자행하여 무고한 제주 양민 252명을 암매장한 곳이다. 바람에 펄럭이는 깃발 소리가 억울하게 죽어간 양민들의 절규 소리같이 들려 마음이 복받쳐 눈물이 났다. 섯알오름 화장실 앞에서 중간지점 스탬프를 찍고 섯알오름 4.3 유적지와 알뜨르비행장을 둘러본 후 하모해수욕장을 지나 하모체육공원에 도착하였다.

섯알오름 일제 고사포 진지

섯알오름 4.3 유적지, 집단학살 당한 양민 211명의 시신이 발굴된 곳

모슬포 알뜨르비행장 일제 지하벙커
무우밭 끝으로 알뜨르비행장 격납고가 보인다

가파도

아름다운 청보리밭의 향연

거리(km)
4.2

시간(시, 분)
1:30

도보여행일: 2018년 04월 03일
코스개장일: 2010년 03월 28일

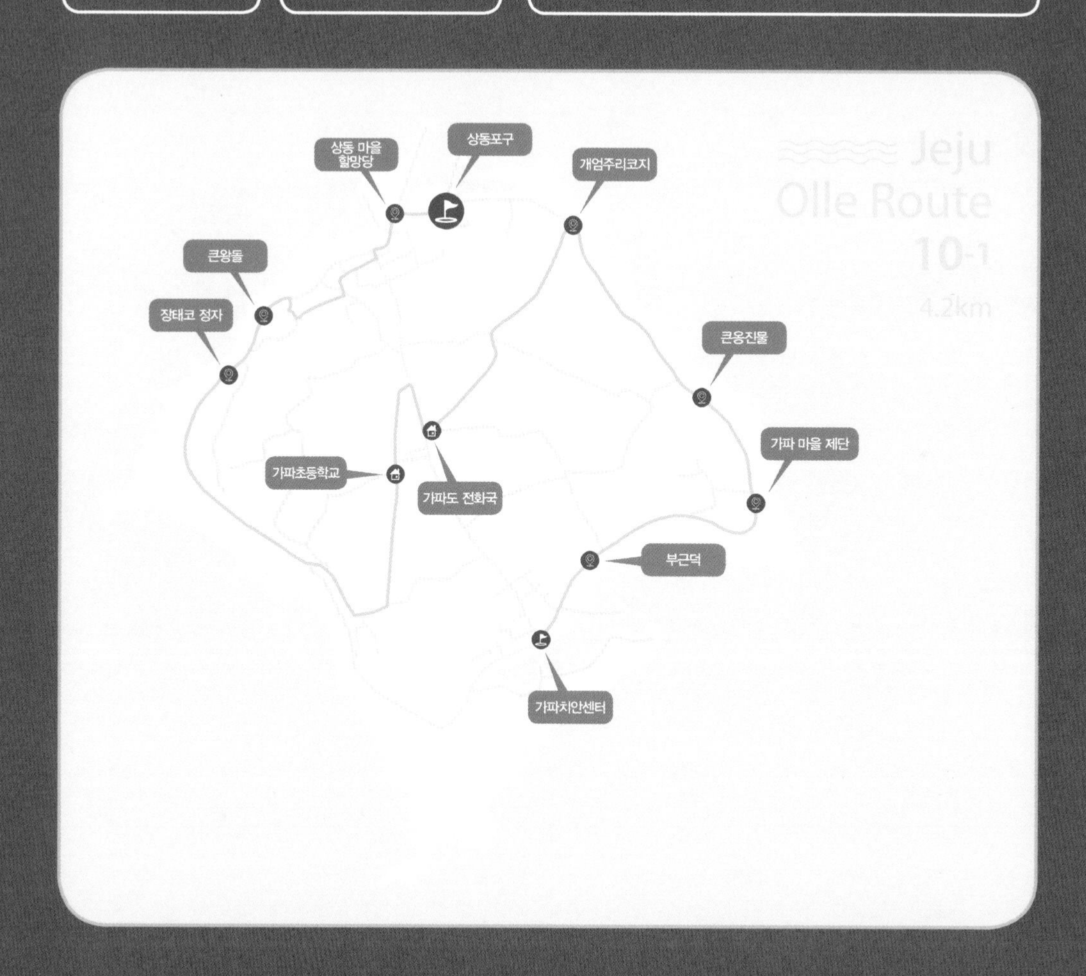

★ 꼭 들러야 할 필수 코스!

Jeju Olle Trail Route Information
26 routes 425km

제주올레길 10-1코스 (가파도)

아름다운 청보리밭의 향연

가파도 청보리밭

가파도는 모슬포항에서 5.5km 떨어져 있는, 섬 전체가 청보리밭으로 유명한 곳이다. 청보리가 본격적으로 푸르러지는 4~5월에 청보리 축제가 열리는데, 이때 수많은 관광객이 청보리밭의 향연을 만끽하기 위하여 가파도를 찾는다. 우리는 모슬포항에 도착하여 가파도와 마라도 왕복 배편을 구입하고 승선신고서를 작성한 후 모슬포 2호에 올랐다. 오전 9시 가파도를 향해 출발하는 여객선에서 멀어져가는 모슬포항을 바라보니 에메랄드빛 바다 물결과 어울려 멋진 풍경을 자아냈다. 날씨도 화창하고 바닷바람도 시원하고 상쾌했다.

오전 9시 15분, 가파도의 상동포구에 도착하니 가파도를 알리는 구멍이 숭숭 뚫린 검은 현무암 표지석이 우리를 반겼다.

가파도
Jeju
친환경명품섬

가파도

가파도
상동
하동
일반현황
·면 적 : 0.874km²
·가 구 수 : 126호
·인 구 : 227명
Jeju

가파도 안내도

가파도를 한 바퀴 도는 해안 산책로를 걸으며 해안가에 펼쳐진 기기묘묘한 검은 현무암, 저 멀리 보이는 산방산과 송악산 해안 절경이 너무 아름다워 걸음을 종종 멈추었다. 제주도에는 산이 7개 있는데, 가파도에서는 영주산을 제외한 6개 산(한라산, 산방산, 송악산, 고근산, 군산, 단산)을 볼 수 있다. 반대편 해안 산책로에서는 최남단 섬인 마라도가 바로 눈앞에 보였다. 푸른 바다를 만끽하며 가파도 해안 산책로를 한 바퀴 둘러본 다음 안으로 들어서니 섬 전체가 연두색의 청보리 물결로 일렁이고 있었다.

큰왕돌. 좌측에 모슬봉,
우측에 송악산과 산방산이 보인다

상동 마을 할망당

풍력발전소

하동포구 가파치안센터

가파도 해물짜장, 짬뽕

장택코 정자

큰웅진물, 송악산과 산방산이 보인다

큰왕돌

개엄주리코지

가파도 청보리밭과 풍력발전소

바람이 부는 방향으로 이리저리 흔들리는 청보리밭의 향연은 너무 아름다워 아무리 카메라 셔터를 눌러대도 눈으로 보는 환상적인 장면을 담기에는 역부족이었다. 특히, 연두색 청보리밭에서 바라본 산방산 전경과 알록달록한 집들은 한 폭의 그림처럼 아름다웠다. 눈이 호사를 누리고 마음이 힐링되는 행복한 순간이었다. 가파도 청보리밭은 제주도에 다시 와도 꼭 보고 싶은 아름답고 이국적인 풍광이었다. 상동포구를 출항하여 12시 20분에 모슬포항에 도착한 다음 급히 서둘러 12시 30분 마라도행 여객선으로 옮겨 탔다.

대원사

마라도

국토 최남단을 밟으며

대한민국 최남단의 장군바위와 표지석, 그리고 육지 끝의 바닷물

오후 1시, 마라도 자리덕선착장에 도착하였다. 마라도를 떠나는 관광객들과 도착하는 관광객들로 선착장은 북적거렸다. 가파른 계단을 올라가니 마라도의 명물 짜장면 거리가 시야에 들어왔다. 마라도에 머물 수 있는 시간이 2시간 이내로 촉박하여 짜장면 먹는 것은 포기하고 마라도 해안 산책로를 한 바퀴 제대로 구경하기로 결정했다.

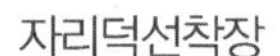

자리덕선착장

마라도 관광안내도

자리덕선착장의 해식동굴

마라도 명물 짜장면 거리

마라도 짜장면 집 '철가방을 든 해녀'

할망당

시계 방향으로 돌면서 처녀당(할망당), 살래덕선착장, 마라교회 등을 둘러보았다. 마라도등대로 오르는 들녘에서 바라다본 가파도와 산방산 풍경은 환상적이었다. 마라도등대 부근에는 풍을 예방하는 데 특효가 있다고 해서 내륙에서 인기가 높은 미나릿과 다년생 초본식물인 '방풍나물'이 지천으로 자라고 있었다.

살래덕선착장

방풍나물, 방풍나물전이 별미다

마라도등대

선인장 자생지와 마라도성당을 지나 우리나라의 국토 최남단에 도착하였다. 최남단비 아래 장군바위에 올라 기념사진을 찍고 땅끝 바닷물에 손을 담가보기도 했다. 진정 우리나라의 최남단에 서보니 가슴이 뭉클했다. 초콜릿 전시장과 기원정사를 둘러보고 서둘러 자리덕선착장으로 돌아왔는데, 체류 시간이 너무 짧아 마라도 명물인 짜장면을 먹지 못해 무척 아쉬웠다.

마라도성당

국토최남단비

장군바위 앞의 표지석

기원정사(국토최남단 관음정사)

초콜릿 전시장

빡빡한 일정으로 점심도 굶고 기진맥진해서 저녁 식사를 맛있게 하려고 오후 5시에 한림읍의 한 식당에 들어가서 흑돼지오겹살 한 근을 시켰는데 주인장이 고기 두 덩어리를 던져주면서 알아서 먹으란다. 구워 먹든 삶아 먹든…. 하도 어이가 없어 숯불에 구운 고깃덩어리를 가위로 좀 잘라달라고 했더니 "안 잘라주는 것이 이 식당의 원칙"이란다. 주인장의 불친절한 태도로 화가 치밀었지만 불쾌한 마음으로 저녁 식사를 마치고 숙소로 돌아와 빨래를 팍팍 문지르면서 흐트러진 마음을 달래보았다.

모슬포 → 무릉

신양의 산증인 정난주 마리아 유배길을 밟으며

거리(km)
17.3

시간(시, 분)
6:20

도보여행일: 2018년 04월 07일
코스개장일: 2008년 11월 30일

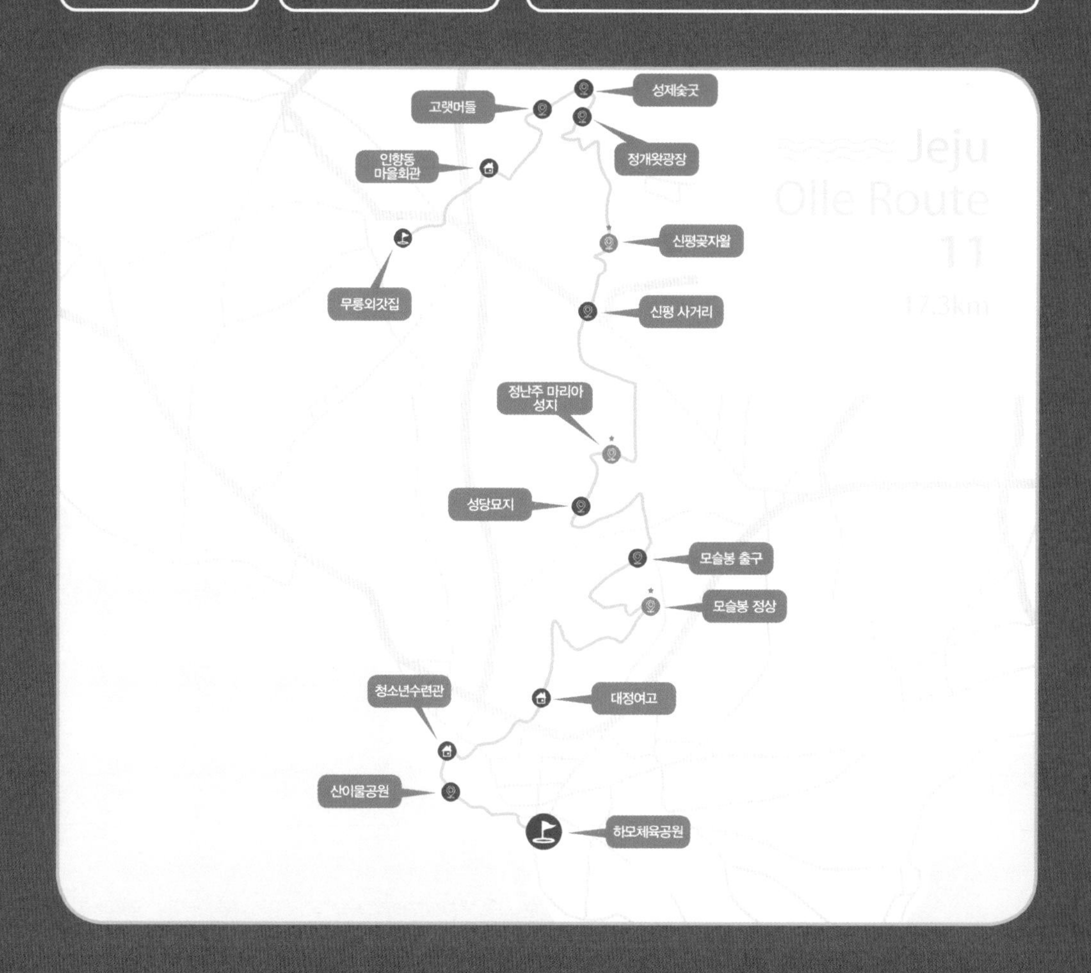

★ 꼭 들러야 할 필수 코스!

Jeju Olle Trail Route Information
26 routes 425km

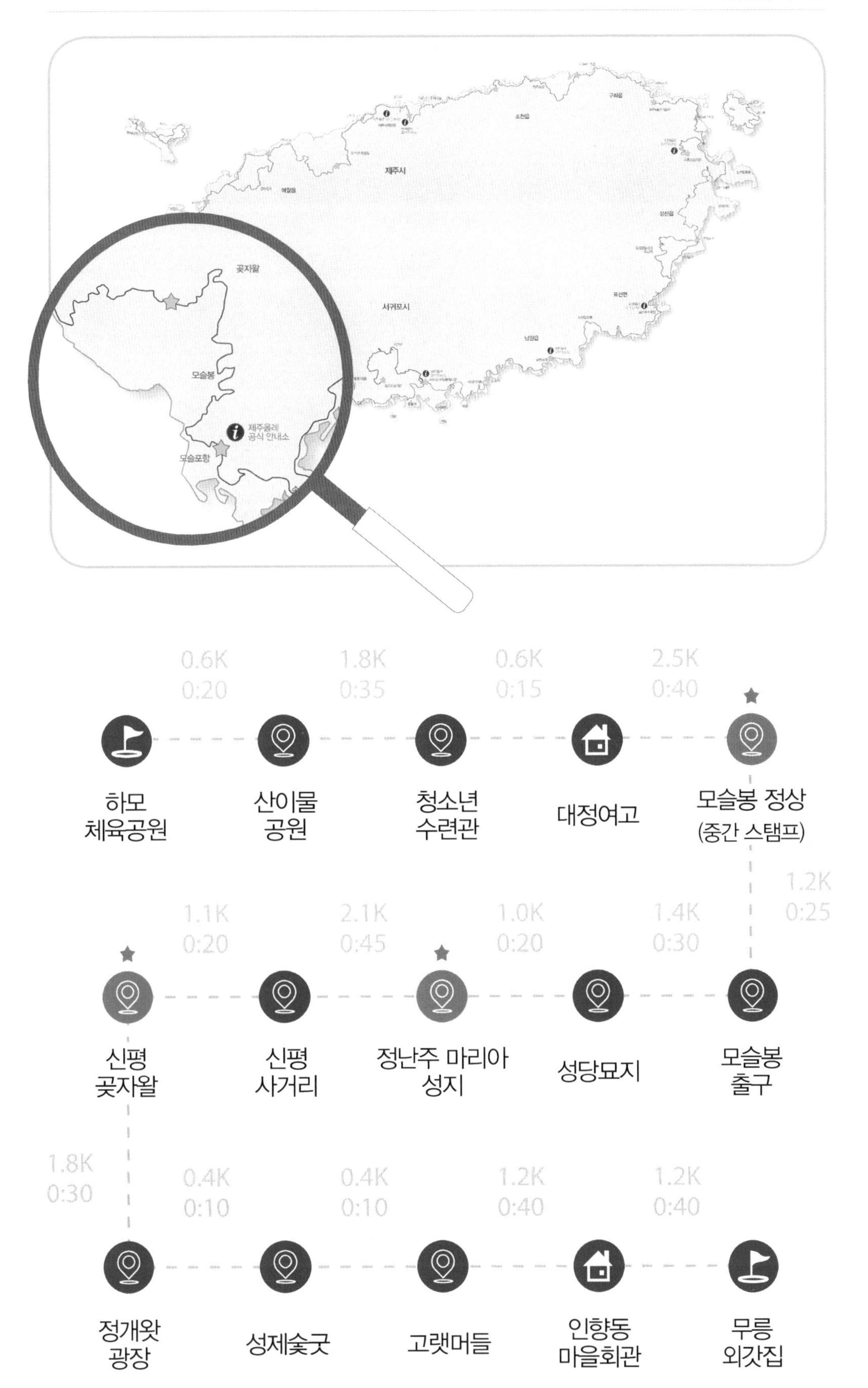

제주올레길 11코스 (하모체육공원~무릉외갓집)

신앙의 산증인 정난주 마리아 유배길을 밟으며

천주교 대정성지

하모체육공원, 제11코스 시작지점

일제강점기의 참상을 경험하는 다크 투어리즘(Dark Tourism; 전쟁 · 학살 등 비극적 역사의 현장이나 엄청난 재난과 재해가 일어났던 곳을 돌아보며 교훈을 얻기 위해 떠나는 여행) 코스인 제주 송악산 일제 동굴진지에서 출발해 제주 섯알오름 일제 고사포진지를 거쳐 제주 모슬포 알뜨르비행장 지하 벙커까지 걸었다. 주변에 펼쳐진 역사적 현장들을 직접 경험해보니 그 당시 우리 영토와 국민들이 얼마나 혹사당하고 유린당했는지를 피부로 느낄 수 있었다. 지금의 대한민국이 존재할 수 있게 헌신해주신 조상님들과 애국지사분들

모슬포항

산이물

해안 방파제, 거센 바람에 파도가 높다.

께 진심으로 감사한 마음이 들었다.

모슬포 하모체육공원에 있는 올레 안내소 직원으로부터 이번 코스에 대한 설명을 자세히 듣고 커피도 한잔 얻어먹었다. 갑자기 안내소 주변이 시끌벅적해 돌아보니 광주에서 오신 올레꾼들이 이번 코스 출발지에서 스탬프를 찍느라 난리였다.

검은 모래가 이국적인 모슬포항에 도착하였다. 모슬포항은 방어와 자리돔 잡이로 유명하다고 한다. 검은 바위 해변 길을 따라 걷다 바닷가에서 용천수가 솟아 나오는 하모3리 산이물공원에 도착했다. 예전에는 식수로 사용하였는데, 지금은 빨래터나 노천욕장으로 사용하고 있었다.

대정읍의 대정여고를 지나 모슬봉 정상에 올랐다. 모래라는 뜻의 제주어 모살에서 유래된 모살개(모슬포)에 있다고 해서 모슬봉이라 불렸다고 한다. 모슬포는 바람이 심하기로 유명해 '못살포'라고도 불렸는데, 비극적 역사의 소용돌이에 휘말려 피바람과 눈물 바람이 불었던 곳이라는 점에서 정말로 못 살 어촌 마을이라고 불리기에 충분하다는 생각이 들었다. 모슬봉은 오름 전체가 묘지와 비석으로 가득 차 마치 공동묘

모슬봉 정상에서 바라본 사계리, 단산과 산방산이 보인다

모슬봉 정상(중간 스탬프 찍는 곳)

지 오름처럼 느껴졌다. 모슬포 주변이 길지여서 그런지 아니면 주변에 묘를 쓸 공간이 없어 그런지 모슬봉 전체가 묘지들로 가득 차 오름 분위기가 음산했다. 그러나 비석들이 즐비한 모슬봉 정상에서 바라본 산방산 풍경은 아이러니하게도 너무 아름다웠다. 동양의 풍수지리적 측면에서 생각하면 음의 기운이 가득한 곳에서 양의 기운을 만끽하는 순간이라고나 할까…. 말로는 표현하기 어려운 묘한 기운을 느꼈다.

모슬봉 정상에서 중간지점 스탬프를 찍고 모슬봉을 내려와 너른 마늘밭 길을 지나자 천주교 대정성지 정난주 마리아 묘에 도착하였다. 정난주는 1773년 정약현의 딸로 태어났으며, 다산 정약용의 조카딸이자 백서 사건으로 순교한 황사영의 아내이다. 조선 정조 시대인 1801년 신유박해가 일어나자 황사영은 천주교 박해의 실상을 기술한 백서를 썼

아들(황경한)을 안고 있는 정난주 마리아

다는 죄목으로 능지처참을 당했다. 그 당시 아내 정난주 마리아는 전라도 제주목 대정현의 노비로 유배되었고, 두 살배기 아들 황경한은 전라도 영암군 추자도의 노비로 유배되었다. 정난주 마리아는 1801년 유배 도중 추자도에 가까이 왔을 때 아들을 살리기 위해 뱃사공에게 패물을 주고 아들을 예초리 서남단 물산리 언덕에 내려놓았다. 추자도에 사는 뱃사공 오씨가 바닷가 언덕에서 갓난아기(황경한)를 발견하고 친자식처럼 잘 키워주었다. 이러한 인연으로 추자도 오씨 집안에서는 오늘날까지 황씨와 혼인을 하지 않는다고 한다. 추자도 예초리에는 황경한의 묘가 있으며, 유배길에 황경한을 내려놓았던 묘 앞바다 해안가에는 십자가 언덕이 있다. 제주 유배 생활 당시, 제주목에서 관비를 담당하던 관리 김씨 집안에서 마리아의 성품을 높이 평가해 그녀를 '한양 할머니'라고 부르면서 양모처럼 잘 모셨다. 마리아는 유배지에서 돌아가실 때까지 30여 년 동안 천주교 신앙을 놓지 않았으며, 추자도에서 아들과 생이별한 아픔을 신앙의 힘으로 극복하였다. 정난주 마리아가 세상

정난주 마리아의 묘

새왓

신평곶자왈 내의 민박집

을 떠나자 김씨 집안사람들은 모슬봉 북쪽에 있는 한 귤밭에 묘지를 조성해주었는데, 그곳이 지금 우리가 정난주 마리아 모자상을 바라보며 서 있는 천주교 대정성지다. 품 안에 아들(황경한)을 꼭 껴안고 있는 정난주 마리아 동상을 보고 있노라니, 눈을 감을 때까지 추자도에 두고 온 아들을 그리워한 정난주 마리마의 마음이 전해지는 것 같아 가슴이 뭉클하고 눈시울이 뜨거워졌다. 이곳은 대표적인 천주교 순례길로 제주를 방문하면 꼭 한 번 들러보아야 할 장소라고 생각한다.

무릉외갓집

무릉 → 용수

경이로운 해안 산책로 엉알길과 생이기정길

거리(km) 17.5

시간(시, 분) 7:20

도보여행일: 2018년 04월 09일
코스개장일: 2009년 03월 28일

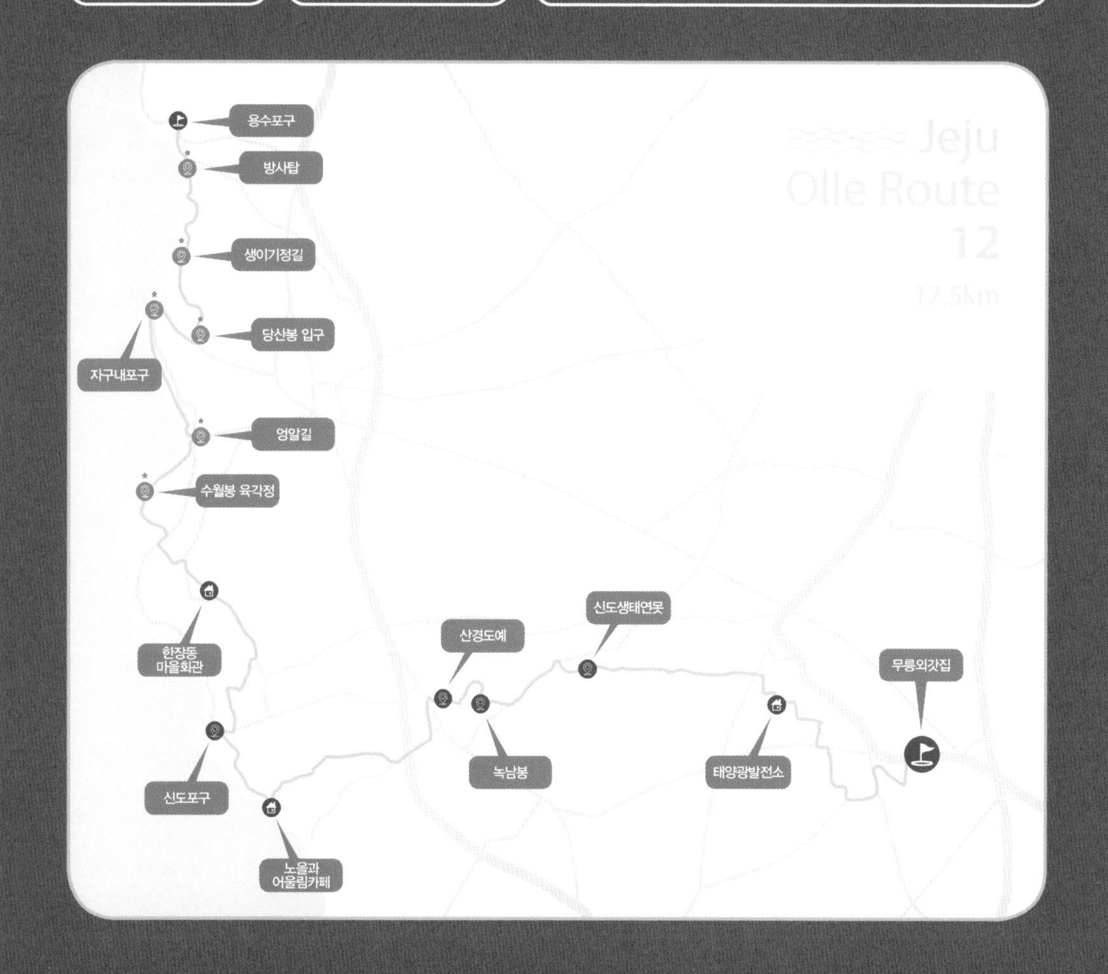

★ 꼭 들러야 할 필수 코스!

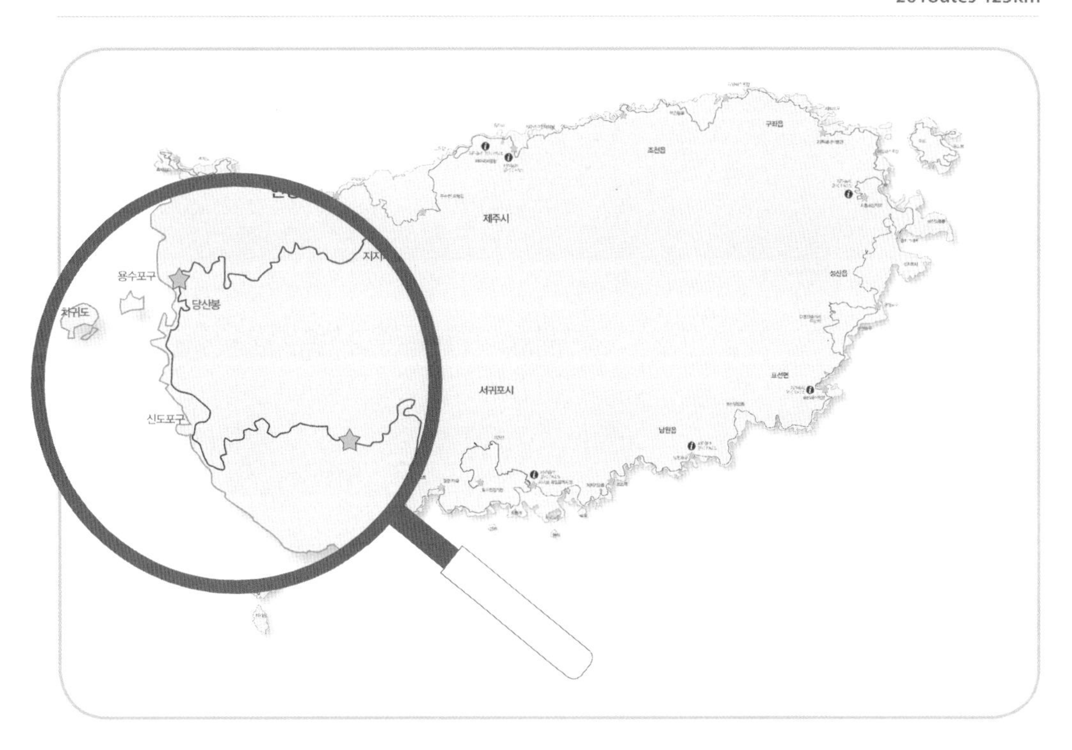
용수포구
당산봉
차귀도
신도포구
제주시
서귀포시

2.6K
0:30
2.1K
0:45
1.0K
0:25
0.8K
0:20
무릉 외갓집
태양광 발전소
신도 생태연못
녹남봉
산경도예 (중간 스탬프)
2.2K
0:30
0.6K
0:20
1.0K
0:30
2.2K
1:10
0.8K
0:20
엉알길
수월봉 육각정
한장동 마을회관
신도포구
노을과 어울림카페
1.1K
0:50
0.7K
0:25
1.0K
0:35
1.0K
0:30
0.4K
0:10
자구내 포구
당산봉 입구
생이 기정길
방사탑
용수포구

제주올레길 12코스 (무릉외갓집~용수포구)

경이로운 해안 산책로 엉알길과 생이기정길

수월봉 엉알길, 멀리 차귀도가 보인다

무릉1리 버스 정류장에서 하차하여 무릉외갓집까지 교통편이 좋지 않아 아침부터 3.5km를 걸었다. 마음이 조급해서인지 너무나 멀게 느껴졌고 지루했다. 오전 9시 무릉외갓집에 도착해 12코스 트레킹을 시작했다. 농림축산식품부 지정 농촌종합개발사업으로 조성된 복사꽃 피는 무릉도원 올레권역 중산간올레를 시작으로 드넓은 밭길을 따라 걸으며 신도포구 쪽으로 향했다. 광활한 들판에서 농부들이 양파를 캐는 모습과 양배추로 가득한 채소밭의 풍경이 장관이었다. 신도생태연못을 감상하고 녹나무가 많다는 녹남봉을 지나 산경도예에서 중간지점 스탬프를 찍었다. 밭에는 유채꽃과 마늘종이 한창이었다.

무릉리 양파밭의 양파 수확 광경

무릉리 양배추밭

산경도예

해안도로를 따라 신도리 해안가를 걷다 하멜 일행 난파 희생자 위령비를 지나 신도2리에 도착하니 용암이 바다로 흘러 내려가면서 만든 기이한 검은 바위들과 물웅덩이 모양의 도구리들을 만났다. 도구리는 함지박이란 뜻의 제주어로 '돌로 된 큰 그릇'을 말한다. 신도2리 해안가에

하멜일행 난파희생자위령비

신도리해안 도구리

는 무병장수 도구리와 모살물을 기념하기 위해 공원을 조성해놓았다. 전설에 의하면 효녀 이순덕이 이곳에 있는 큰 도구리에 갇혀 있는 거북이들을 구해주었더니 갑자기 해안에서 물이 솟아올랐고, 그 물을 떠서 아버지께 가져가 드시게 하였더니 병이 씻은 듯이 나았다고 한다. 대정읍 신도2리의 '신도어촌계식당'에서 채소밭 일꾼들을 위해 준비한 푸짐한 점심 식사를 값싸고 맛있게 먹었다. 생선구이에 돼지고기주물럭과 각종 채소를 곁들여서 8천 원이라니… 살다가 가끔씩 이러한 횡재를 얻을 수 있구나 하는 생각에 마음이 행복했다.

한장동 마을회관을 지나 시원한 바닷바람을 맞으며 바당올레를 끝내자 축구공 모양의 고산 기상레이더가 서 있는 수월봉이 한눈에 들어왔다. 수월봉 정상에 올라 수월봉 육각정에서 내려다본 차귀도, 당산봉, 자구내포구로 이어지는 엉알길해안로가 절경이었다. 수월봉은 14,000여 년 전 뜨거운 마그마가 물을 만나 폭발적으로 분출하면서 만든 고리

수월봉 정상의 수월정과 고산기상대

수월봉 응회환(천연기념물 제513호), 화산재층과 화산탄

수월봉 엉알길

모양의 화산체다. 해안에 기왓장처럼 쌓인 화산쇄설암층으로 이루어진 엉알길은 자연의 경이로움 그 자체였다. 특히, 수월봉에서 바라보는 해

넘이는 장관 중의 장관이라고 한다. 제주의 동쪽에 해돋이 명소 성산일출봉이 있다면 서쪽에는 해넘이 명소 수월봉이 있다고 한다.

해안가로 깎아지른 절벽길인 엉알길을 지나 자구내포구에 도착하니 차귀도가 바로 눈앞에 보였다. 포구 길가에서 바닷바람에 한치를 말리는 모습이 이채로웠다. 저녁에 심심할 때 먹으려고 한치와 쥐포를 샀다. 아주머니가 노르스름하게 구워준 쥐포를 먹으면서 차귀도를 바라보며 자구내포구를 한가롭게 걸었다.

자구내포구

자구내포구의 한치 말리는 모습

당산봉 정상에서 바라본 고산리 들판

포구 옆 차귀오름이라고도 불리는 당산봉 정상에 올라 바라본, 수월봉 방향으로 드넓게 펼쳐진 알록달록한 바둑판 모양의 평야지대는 한 폭의 산수화를 보는 듯했다. 한경면의 풍력발전단지를 바라보며 당산봉에서 내려와 '새가 날아다니는 절벽 바닷길'이라는 뜻을 담고 있는 생이기정길로 들어섰다. 생이기정길을 따라 아름다운 바다 풍경을 즐기며 걷다가 한국 최초의 신부 김대건의 기착지를 지나 종착지인 용수포구에 도착하였다. 이번 트레킹은 특별히 해안 산책로가 너무 아름다워 몸과 마음이 행복했다.

당산봉 정상에서 바라본 차귀도 포구와 차귀도

생이기정길에서 바라본 한경면 풍력발전단지

용수 → 저지

아름다운 숲길을 따라 저지오름 올라요

거리(km) 15.2

시간(시, 분) 5:45

도보여행일: 2018년 04월 12일
코스개장일: 2009년 06월 27일

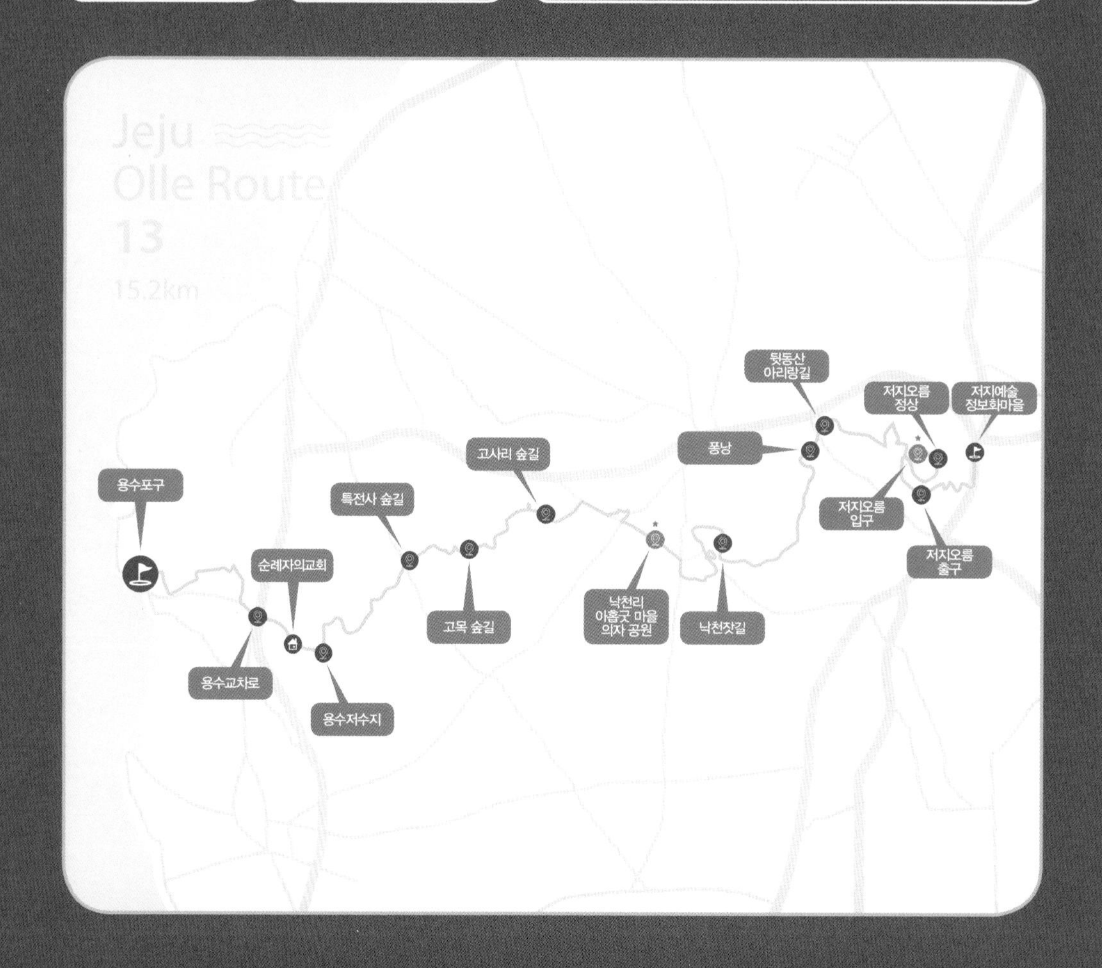

★ 꼭 들러야 할 필수 코스!

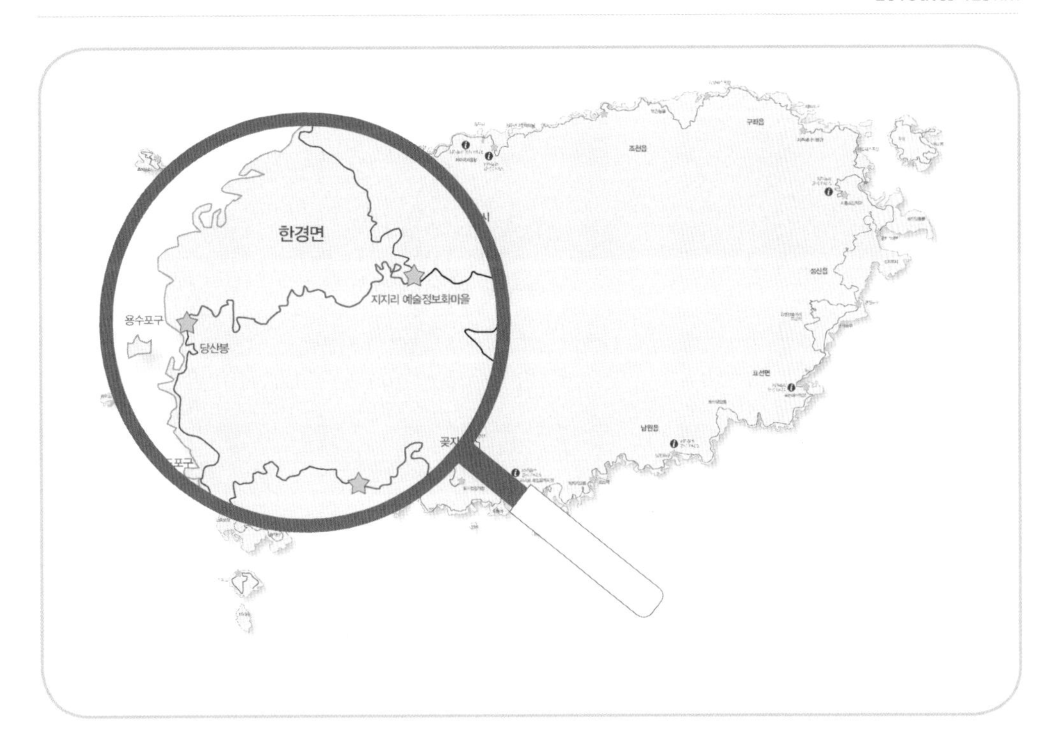
한경면
지지리 예술정보화마을
용수포구
당산봉

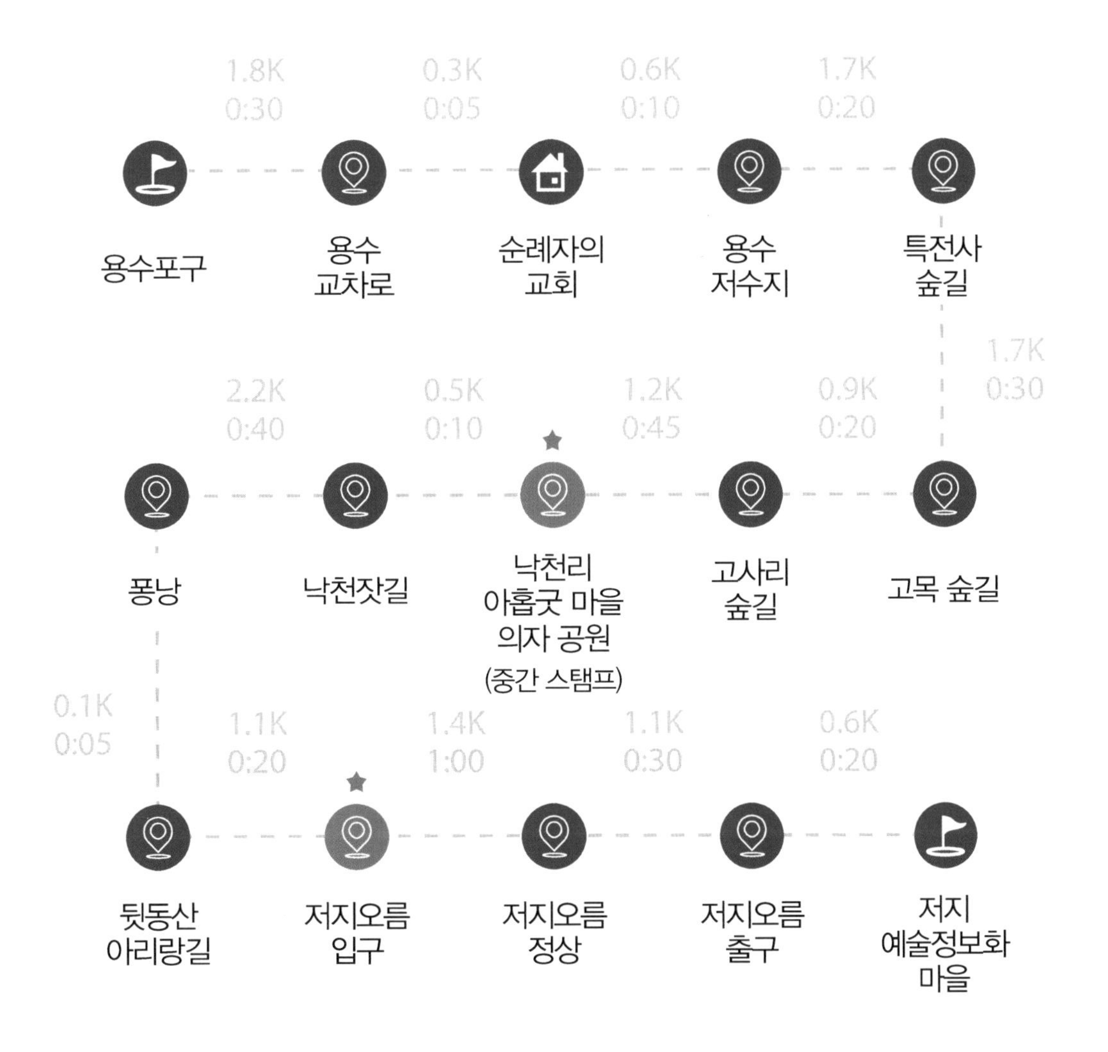
용수포구
1.8K
0:30
용수
교차로
0.3K
0:05
순례자의
교회
0.6K
0:10
용수
저수지
1.7K
0:20
특전사
숲길
1.7K
0:30
고목 숲길
0.9K
0:20
고사리
숲길
1.2K
0:45
낙천리
아홉굿 마을
의자 공원
(중간 스탬프)
0.5K
0:10
낙천잣길
2.2K
0:40
퐁낭
0.1K
0:05
뒷동산
아리랑길
1.1K
0:20
저지오름
입구
1.4K
1:00
저지오름
정상
1.1K
0:30
저지오름
출구
0.6K
0:20
저지
예술정보화
마을

제주올레길 13코스 (용수포구~저지 예술정보화 마을)

아름다운 숲길을 따라 저지오름 올라요

저지오름 정상에서 바라본 한라산 중산간 지역

오전 7시 40분. 용수리 충혼묘지 정류장에 도착해 상큼한 아침 공기를 마시며 순례자의 교회를 지나 내륙의 중산간 길로 들어섰다. 트랙터로 밭을 가는 모습을 구경하며, 특전사 대원들이 복원했다는 특전사 숲길을 시작으로 오래된 고목나무들로 이루어진 고목나무 숲길, 봄이면 고사리가 무성한 고사리 숲길을 걸었다. 숲길을 빠져나오자 낙천리 아홉굿 마을에 도착했다. 굿은 샘을 일컫는 제주어로 마을에 샘이 아홉 개 있었다고 하여 아홉굿 마을로 불리게 되었다. 마을 사람들이 천여 개의 의자로 직접 만들었다는 아홉굿 마을 의자 공원은 독특한 휴식 공간으로 올레꾼들이 잠시 쉬어가기 좋은 쉼터였다. 아홉굿 마을 의자 공원에서 중간지점 스탬프를 찍고 의자 공원 곳곳을 천천히 구경하였다.

용수리의 채소밭을 갈고 있는 트랙터

낙천리 아홉굿 마을의 의자 공원

낙천리 아홉굿 마을의 의자 공원

낙천잣길로 걸어가는데 야외 목장에서 소들이 한가롭게 앉아 쉬고 있었다. 퐁낭과 뒷동산 아리랑길을 지나 저지오름 입구에 도착했다. 저지오름은 해발고도 239m로 종이를 만드는 닥나무가 많다고 하여 닥물오름, 새의 부리 모양을 닮았다고 하여 새오름이라고도 불린다. 저지오

낙천리 한우 목장

낙천리 퐁낭의 팽나무

름 입구에서 잘 조성된 둘레길을 따라 저지오름을 한 바퀴 돈 다음 정상으로 올라갔다. 저지오름 분화구는 기원전 25만 년 전에 형성된 원형의 분화구로 둘레 800m, 직경 255m, 깊이 62m에 달한다. 분화구 정상에서 바닥까지는 나무 데크 산책로가 잘 만들어져 있었다. 우리는 분화구 아래로 내려가 원시림 같은 울창한 곶자왈도 만나보았다. 저지오름

저지 마을에서 바라본 저지오름

저지오름 안내도

정상에서 바라본, 내륙 한가운데 우뚝 솟은 한라산에서 금악오름, 느지리오름, 금능 · 협재해변 앞 비양도에 이르는 풍경은 너무 아름다웠다. 종착지인 저지 예술정보화 마을로 내려와 '저지오름반점'에서 간짜장으로 간단히 점심 식사를 했다.

저지오름 분화구 전망대

저지오름 분화구 아래 곶자왈

저지오름 정상에서 바라본 수월봉(왼쪽)과 당산봉(오른쪽)

저지 예술정보화 마을

저지 → 한림

우윳빛 백사장과 옥빛 바다가 넘실대는 금능 · 협재해변

거리(km) 19.2

시간(시, 분) 6:50

도보여행일: 2018년 04월 13일
코스개장일: 2009년 09월 26일

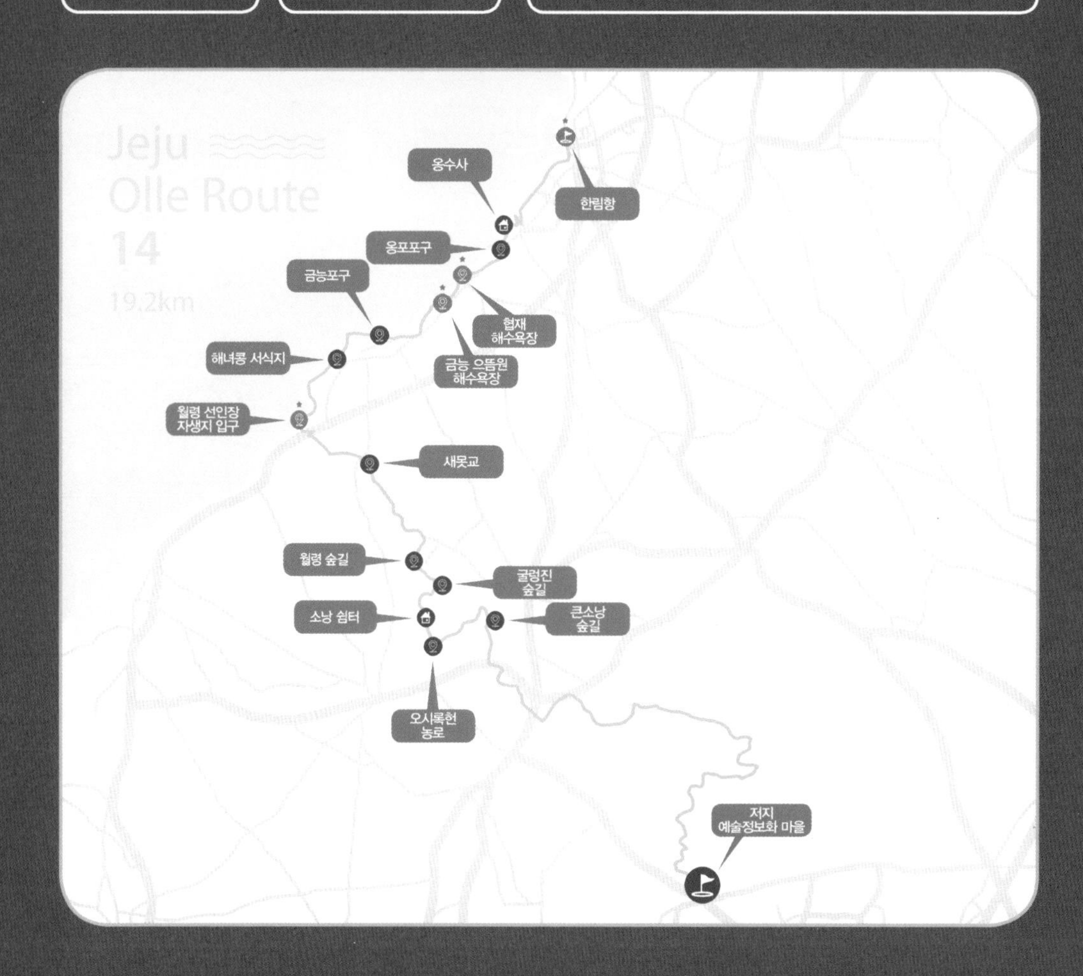

★ 꼭 들러야 할 필수 코스!

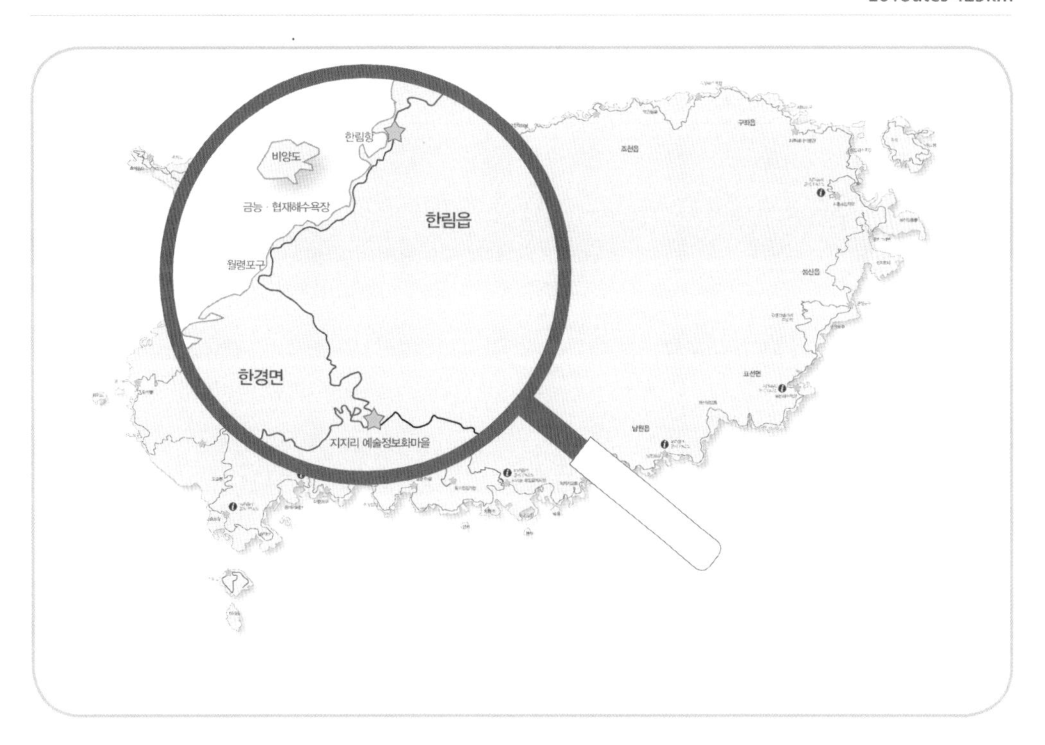
한림항
비양도
금능 · 협재해수욕장
한림읍
월령포구
한경면
지지리 예술정보화마을

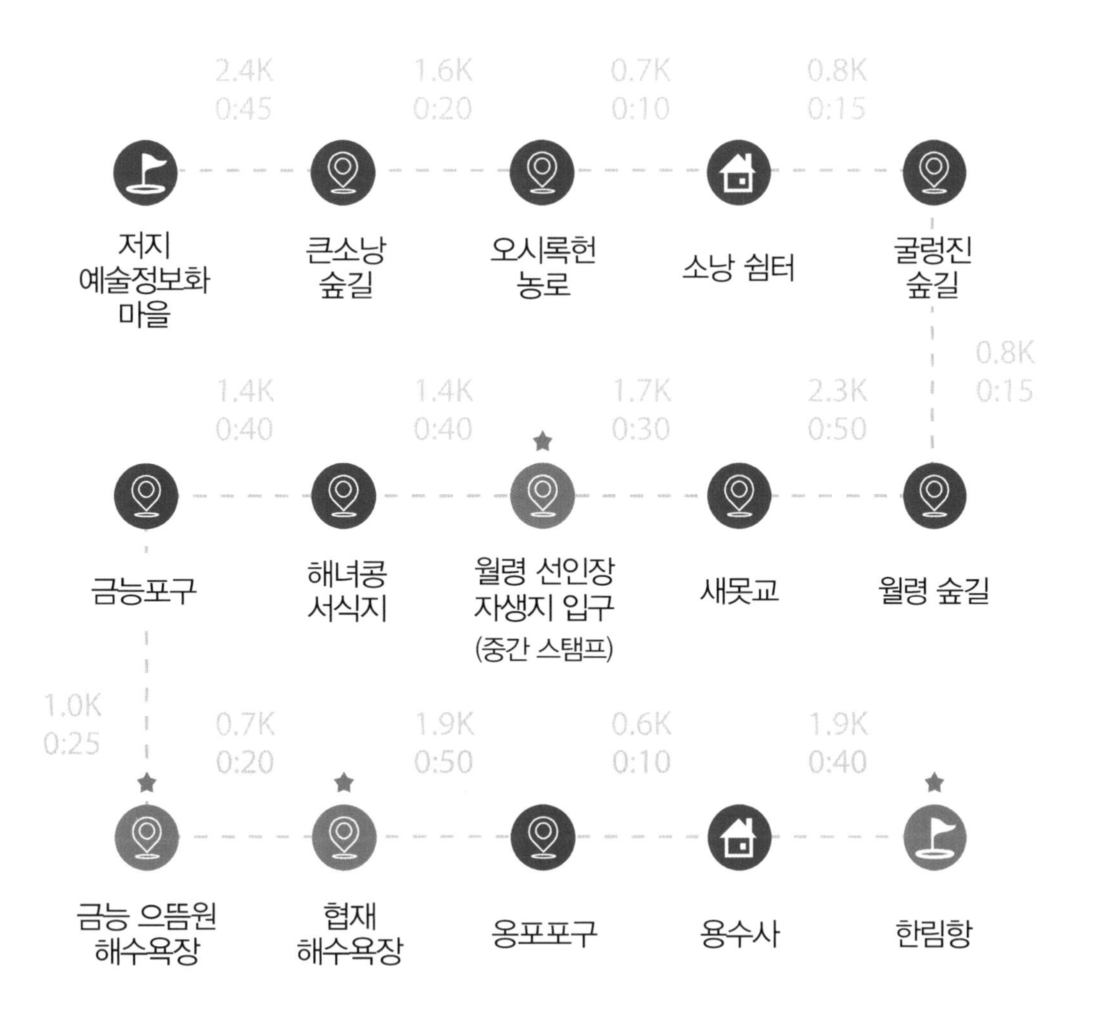
2.4K
0:45
1.6K
0:20
0.7K
0:10
0.8K
0:15
저지 예술정보화 마을
큰소낭 숲길
오시록헌 농로
소낭 쉼터
굴렁진 숲길
0.8K
0:15
1.4K
0:40
1.4K
0:40
1.7K
0:30
2.3K
0:50
금능포구
해녀콩 서식지
월령 선인장 자생지 입구
(중간 스탬프)
새못교
월령 숲길
1.0K
0:25
0.7K
0:20
1.9K
0:50
0.6K
0:10
1.9K
0:40
금능 으뜸원 해수욕장
협재 해수욕장
옹포포구
용수사
한림항

제주올레길 14코스 (저지 예술정보화 마을~한림항)

우윳빛 백사장과 옥빛 바다가 넘실대는 금능 · 협재해변

협재해수욕장

저지리 마을은 3가지 제주올레 코스(13, 14, 14-1)의 시 · 종착지로 저지오름과 곶자왈이 있어 2014년 생물권보존지역 생태관광 마을로 지

곶자왈 숲길

정되었다. 저지 예술정보화 마을에서 선인장 자생지인 월령리까지 다양한 숲길이 이어졌는데 넝쿨식물들이 나무를 뒤덮어 만든 곶자왈 숲길은 마치 원시림을 뚫고 지나가는 기분이었다. 숲 사이 비옥한 양파밭에서는 농부들이 트랙터로 양파를 갈아엎고 있었다. 올해 유난히 양파 생산량이 많아 정부 차원에서 수매 물량을 조절하기 위하여 농부들에게 양파 값을 보상하고 판매하지 못하도록 양파밭을 갈아엎는다고 하는데, 이유야 어찌 되었든 농부들에게는 자식처럼 애지중지 기른 농작물을 갈아엎는 일은 마음 아픈 일이라 그 장면을 바라보는 우리 마음도 좋지 않았다.

숲길을 빠져나와 월령포구에 다다르자 길 양옆으로 선인장들이 무성하게 자라고 있었다. 월령리는 국내 유일의 선인장 야생군락지로 광대한 선인장 자생지를 둘러볼 수 있도록 해안가를 따라 목제 데크 산책로가 잘 만들어져 있었다. 해안 목제 데크 산책로에는 보랏빛 백년초 열

백년초, 선인장 열매

월령리 선인장 야생군락지(천연기념물 제429호)

매가 다닥다닥 붙어 있는 선인장 군락과 에메랄드빛 바다가 어우러져 이국적인 아름다움을 보여주었다. 월령리 마을은 다양한 선인장 제품(백년초 열매, 백년초 엑기스, 분말 등)도 만들어 직거래로 팔고 있었는데 우리도 소화기나 호흡기 질환에 탁월한 효능이 있다는 건강식품인 싱싱한 백년초 열매를 한 상자 구입하였다. 월령 선인장 자생지 입구에서 중간지점 스탬프를 찍고 월령포구, 해녀콩 서식지와 금능포구를 지나 금능 으뜸원해수욕장에 도착했다. 우윳빛 백사장을 배경으로 옥빛 바다에 떠 있는 비양도 풍경은 말로는 표현하기 어려운 비경이었다. 사진 찍는 것을 잠시 멈추고 아름다운 백사장을 걸으며 풍경 그 자체를 즐겼다. 심신이 저절로 치유되는 것처럼 행복했다.

월령포구

해녀콩 서식지
해녀콩은 독이 있어서 먹지 못하고
제주 해녀들이 낙태 시 사용했다고 한다

금능포구

금능 으뜸원해수욕장에서 바라본 비양도

금능 으뜸원해수욕장

협재해수욕장에서 바라본 비양도

옹포리

협재해수욕장에 있는 중국음식점 '친(陳)'에서 해물덮밥으로 점심 식사를 했는데 맛이 너무 좋아 게 눈 감추듯 허겁지겁 먹었다. 옆 손님 테이블을 보니 비주얼이 예사롭지 않은 우럭튀김을 주인장이 가위로 먹기 편하게 해체 작업까지 해주고 있었다. 주인장에게 요리 메뉴에 대해 물어보았더니 1인당 25,000원 하는 친 코스 요리로 4인 이상 주문 시

비양도

옹포포구

서비스 차원에서 우럭 해체 퍼포먼스를 해준다고 했다. 미리 예약을 해야 먹을 수 있다기에 '대전한라산'으로 다음 날 식사를 예약하고 나왔다. 비양도를 바라보며 협재해수욕장의 모래밭을 걷다가 옹포포구, 용수사를 거쳐 한림항에서 이번 일정을 마무리했다. 한림시장에서 간단히 장을 본 다음 택시를 불러 숙소로 돌아왔다.

한림읍 협재리, 멀리 한라산이 보인다

JEJU
HALLIMMAEIL
MARKET
제주한림매일시장
翰林每日市場
翰林毎日マーケット
한림중앙상가
조은소리
보청기
노래타운
에스랜드

제주 한림매일시장

저지 → 서광

오설록 녹차밭에서 힐링해요

거리(km)
9.2

시간(시. 분)
3:30

도보여행일: 2018년 04월 12일
코스개장일: 2010년 04월 24일

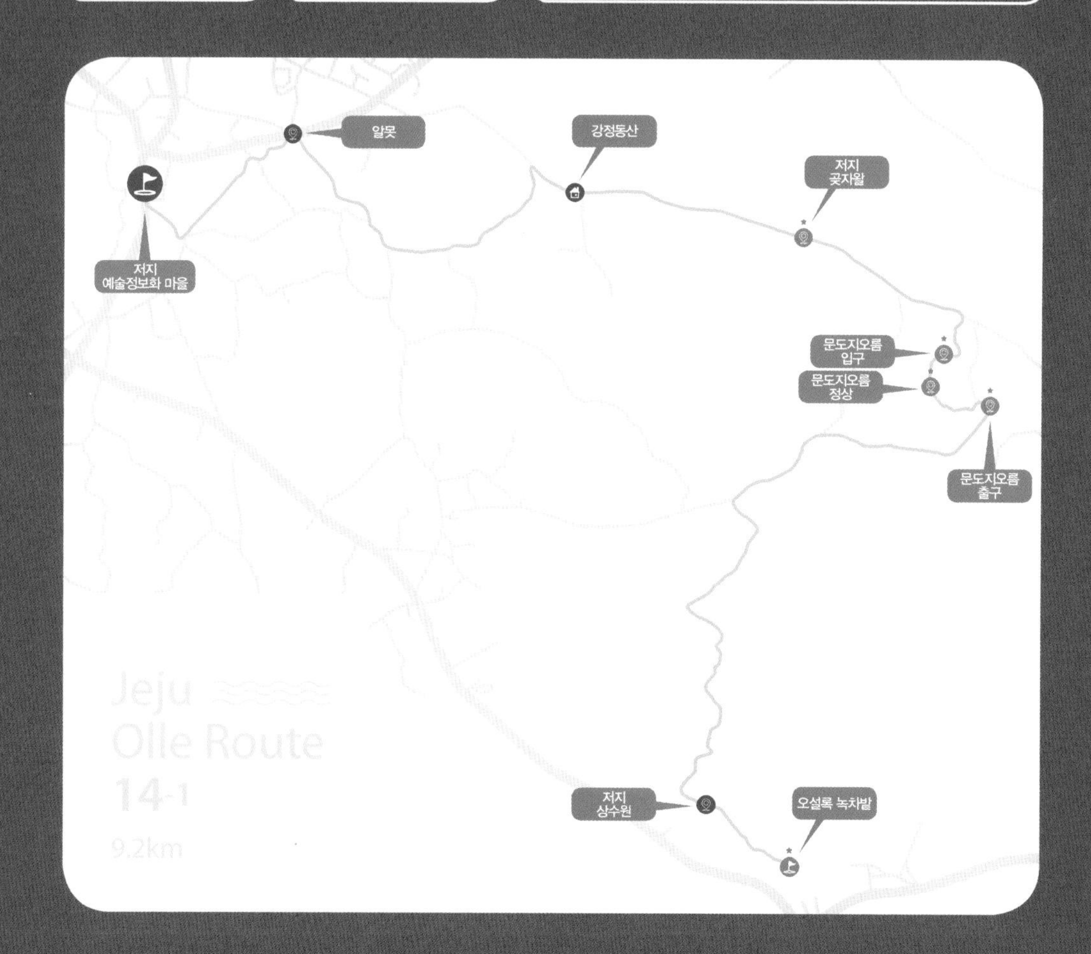

★ 꼭 들러야 할 필수 코스!

Jeju Olle Trail Route Information
26 routes 425km

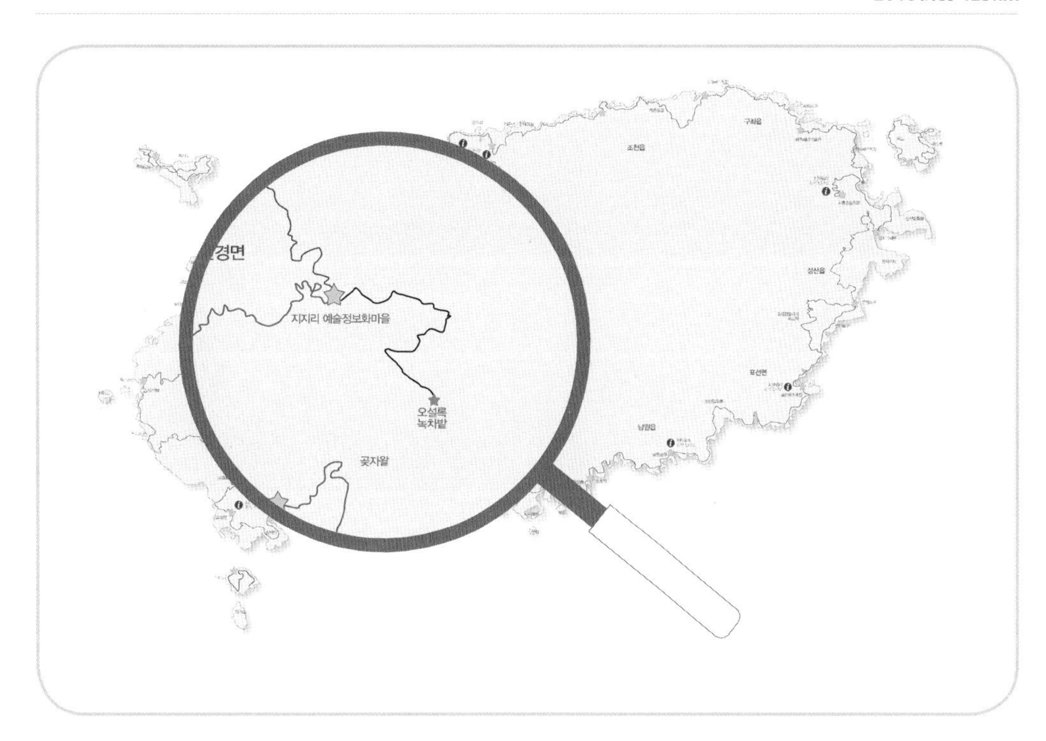

제주올레길 14-1코스 (저지 예술정보화 마을~오설록 녹차밭)

오설록 녹차밭에서 힐링해요

오설록 녹차밭

제주시 한경면에 위치한 '생각하는 정원'은 농부 성범영 원장이 돌 투성이의 황무지를 개간하여 수백여 점의 아름다운 분재들로 조성한 정원이다. 생각하는 정원은 기이한 형상의 분재와 수석들로 가득하며 정원 내 산책로마다 세워져 있는 괴석들에는 "분재는 뿌리를 잘라주지

생각하는 정원

생각하는 정원

생각하는 정원

생각하는 정원

생각하는 정원

생각하는 정원

않으면 죽고 사람은 생각을 바꾸지 않으면 빨리 늙는다"와 같은 깨달음의 글귀들이 가득해 사색하면서 정원 관람을 즐길 수 있다. 중국 장쩌민 국가주석을 비롯하여 많은 각국 정상이 방문하여 우직한 농부가 한평생을 바쳐 일구어낸 정원을 감상하고 세계에서 가장 아름다운 정원이라고 극찬하였다고 한다. 전망대 커피숍에서 차 한잔 마시면서 각양각색의 분재들과 제주 특유의 현무암 돌담 및 괴석들로 어우러진 천상의 정원을 내려다보니 마음이 행복해졌다. 모과나무, 소사나무, 소나무, 향나무 등 아름다운 분재에 감탄하며 정원 구석구석을 관람한 후 정원 내 구내식당인 '점심힐링뷔페'에서 맛있는 점심 식사를 했다.

점심 식사를 마친 다음 제주시 한경면 저지리의 저지 예술정보화 마을에서 제주올레길 트레킹을 시작하여 강정동산을 지나 저지곶자왈에 도착했다. 블루베리 농장과 말 목장이 많았다. 문도지오름 입구에서 목장 울타리 문을 지나 정상에 오르자 말들이 한가롭게 풀을 뜯고 있었다. 문도지오름은 사유지로 말과 소들을 방목하는 곳이라 여기저기 풀을 뜯고 있는 말들을 쉽게 볼 수 있었다. 문도지오름 정상에 오르자 탁 트인 시야로 들어온 한라산 자락과 저지오름 풍경이 마음을 사로잡았다. 문도지오름을 내려오자 저지곶자왈이 시작되었다. 곶자왈은 제주어로 '가시가 많은 덤불이나 잡목림'을 말하는데 저지곶자왈은 문도지오름

브로콜리

문도지오름의 말 목장

문도지오름 정상에서 바라본 환경면의 풍력발전소와 오름들

에서 오설록 녹차밭까지 4km에 달하였다. 녹나무 등 상록활엽수와 넝쿨식물들이 뒤엉킨 어두컴컴한 저지곶자왈 숲속을 걷노라니 마치 밀림 숲속에서 야생 맹수들이 우리를 호시탐탐 지켜보고 있는 것 같아 등골이 오싹했다. 그때 숲속 저 멀리서 멧돼지 울음소리가 들려와 순간 머릿속이 하얘지면서 아무 생각이 나질 않았다. 허겁지겁 정신없이 곶자왈을 빠져나오자 광활한 오설록 녹차밭이 우리를 반겨주었다.

문도지오름 정상에서 바라본 한라산 중산간 지역

오설록 차 박물관에서 기념사진을 찍고 사방으로 펼쳐진 녹차밭 속을 거닐며 아름다운 풍경을 즐겼다. 대표적인 관광 명소답게 수많은 관광객이 오설록 녹차밭의 향연을 즐기고 있었다. 녹차밭 입구에 담쟁이 넝쿨로 뒤덮인 대형 커피 잔 조형물이 인상적이었다. 택시를 불러 한림의 '흑돼지촌'으로 이동하여 흑돼지오겹살로 저녁 식사를 맛있게 한 후 하루의 일과를 마무리했다.

오설록. 제14-1코스 끝나는 지점

오설록 녹차밭

오설록

한림 → 고내

제주 납읍리 난대림 지대로 오르는 중산간 길

도보여행일: 2018년 04월 11일
코스개장일: 2009년 12월 26일

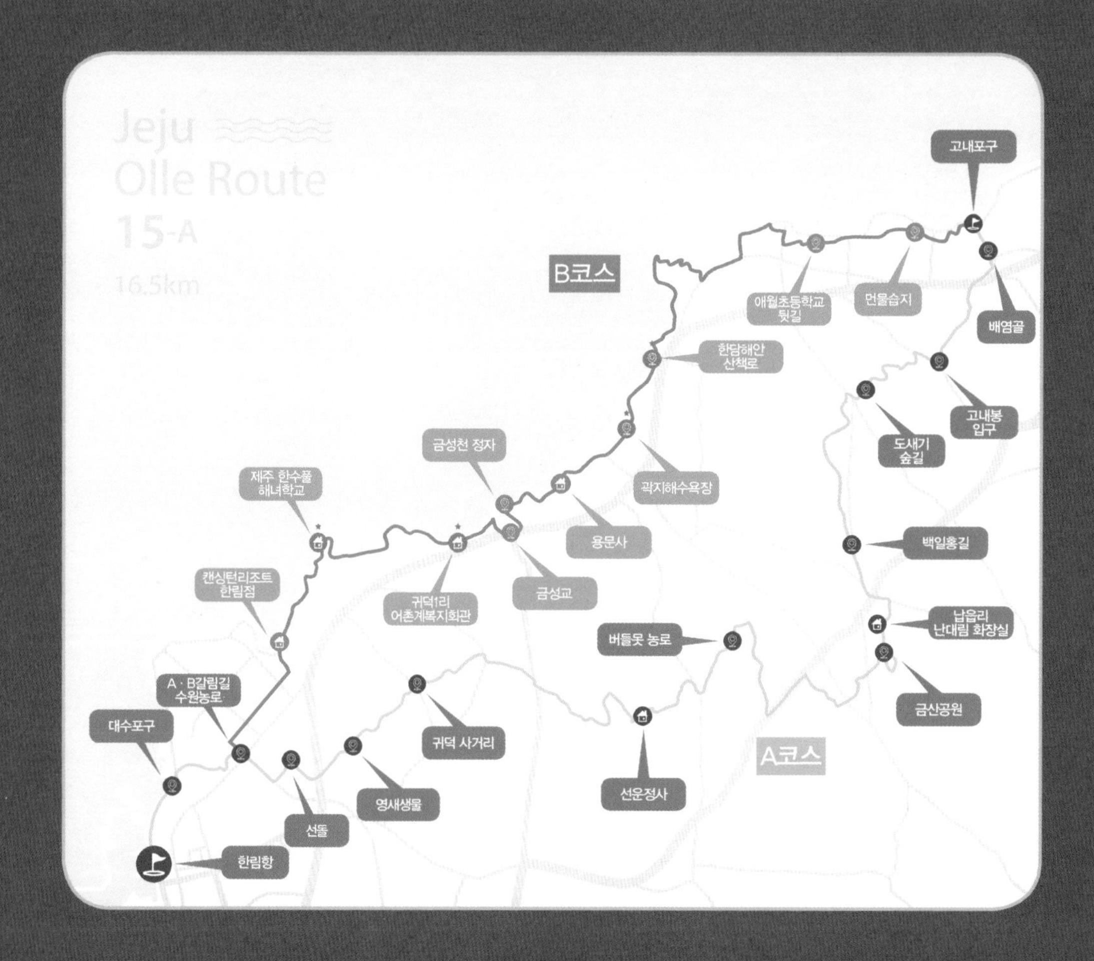

★ 꼭 들러야 할 필수 코스!

금산공원
애월읍
한림항
한림읍

0.7K 0:10
0.9K 0:10
0.7K 0:10
0.7K 0:15
한림항
대수포구
A · B 갈림길 수원농로
선돌
영새생물
0.9K 0:15
0.1K 0:30
2.9K 0:50
1.5K 0:25
2.8K 0:50
납읍리 난대림 화장실 (중간 스탬프)
금산공원
버들못 농로
선운정사
귀덕 사거리
1.1K 0:20
1.6K 0:35
1.2K 0:15
1.1K 0:15
0.3K 0:05
백일홍길
도새기 숲길
고내봉 입구
배엄골
고내포구

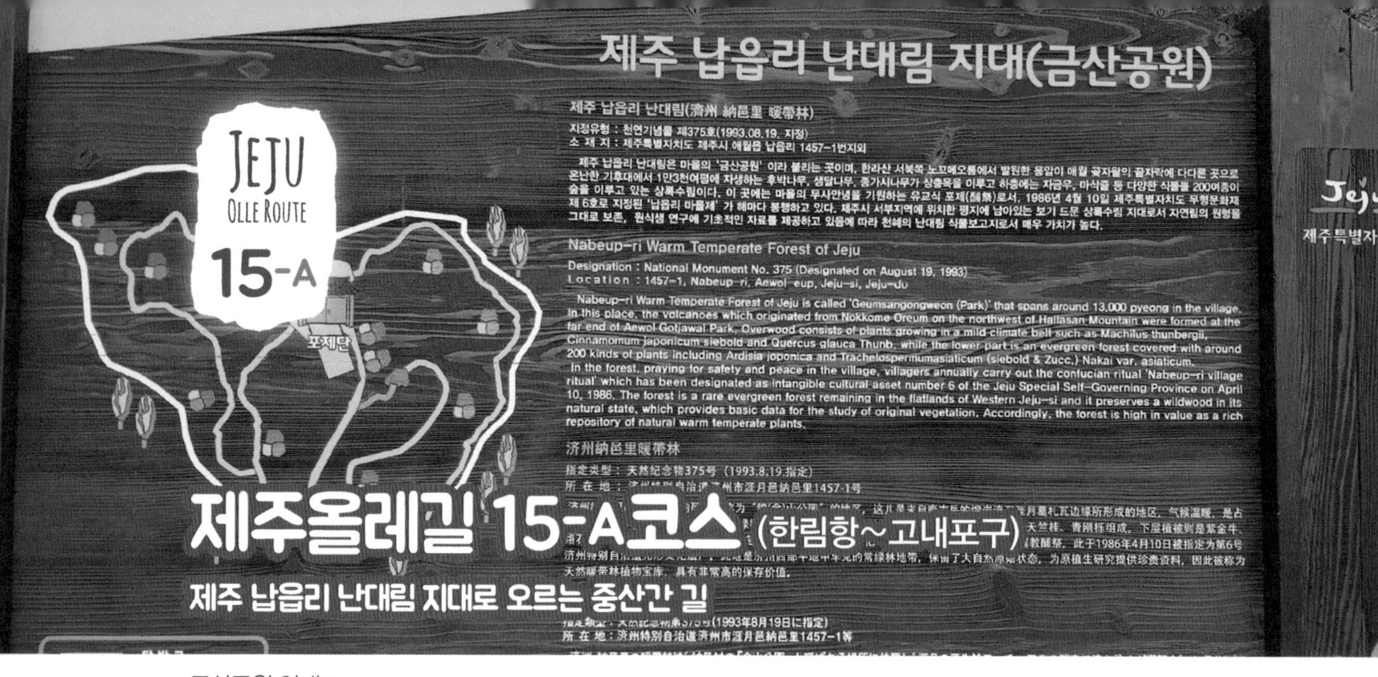

금산공원 안내도

한림항 비양도행 도선 대합실에서 시작하는 15코스 올레길은 중산간 길을 지나 선운정사를 거쳐 고내포구로 내려오는 A코스(내륙 코스)와 제주 한수풀 해녀학교를 거쳐 곽지해수욕장과 한담 해안 산책로를 지나 고내포구에 도착하는 B코스(해안 코스)로 나누어진다. 한림항 앞바다에 위치한 비양도는 지금으로부터 1천여 년 전 화산폭발로 생겨난, 제주에서 가장 늦게 생긴 화산섬이다. 한림항에 있는 '한림바다 체험마을'은 문재인 대통령이 두 번이나 다녀가신 맛집으로 고등어회 세트 메뉴가 별미다.

A · B코스 갈림길에서 수원농로를 따라 걸으며 풍성하게 자란 양배추밭을 구경하고 대림안길을 지나 영새생물에 도착했다. 암반 위에 고여 있는 연못인 영새생물을 구경하고 중산간 길로 접어들어 선운정사

수원리 양배추밭

영새생물(영생이물통). 암반위에 물이 고여있는 연못

먼나무. 열매가 붉고 제주 전지역에 많다

멀구슬나무. 노란 열매가 다닥다닥 붙어있다

까지 걷는 동안 붉은 열매들이 주렁주렁 달려 있는 먼나무와 노란 열매들이 다닥다닥 붙어 있는 멀구슬나무를 종종 볼 수 있었다. 제주도에는 유별나게 멀구슬나무가 많았는데 이름이 특이하여 여러 사람에게 그 유래를 물어보았으나 아는 사람이 없었다.

선운정사

선운정사 대적광전 앞의 법성도

선운정사에서 사찰 경내를 관람하는데 대적광전 앞에 화강암으로 돌담을 미로같이 쌓은 수도 길인 법성도를 만났다. 우리나라 사찰들 중에서 유일하게 선운정사에만 있는, 화엄 사상이 담겨 있는 법성도를 따라 한 바퀴 돌면서 가족들의 무사 안녕을 빌었다. 버들못 농로를 걸으며 혜린교회, 납읍 숲길을 지나 납읍초등학교 앞 금산공원에 도착했다.

금산공원은 후박나무, 생달나무, 종가시나무가 울창한 상록수림으로 납읍리 마을의 무사 안녕을 기원하는 유교식 포제(酺祭)를 지냈던

금산공원 내의 이끼식물과 콩난

금산공원에서 야외 학습 중인 유치원생

곳이다. 숲속은 나무를 둘러싸고 촘촘히 붙어 자라고 있는 콩란들로 마치 원시림을 보는 것 같았다. 금산공원을 한 바퀴 돌며 구경하는데 유치원 어린이들이 선생님과 야외 수업을 하고 있었다. 천진난만하고 행복한 어린이들의 모습이 너무 아름다웠다.

납읍리 난대림 화장실 앞에서 중간지점 스탬프를 찍고 납읍리 사무소를 지나 배롱나무가 많은 백일홍길을 걸었다. 길옆 알로에 농장에는 알로에가 풍성하게 자라고 있었다. 고내오름을 지나 고내포구에서 이번 일정을 마무리했다.

납읍리 사무소

알로에 농장

고내봉 안내도

한림 → 고내

아름다운 곽지 과물해변과 한담 해안 산책로 따라 걸어요

도보여행일: 2018년 04월 10일
코스개장일: 2017년 04월 22일

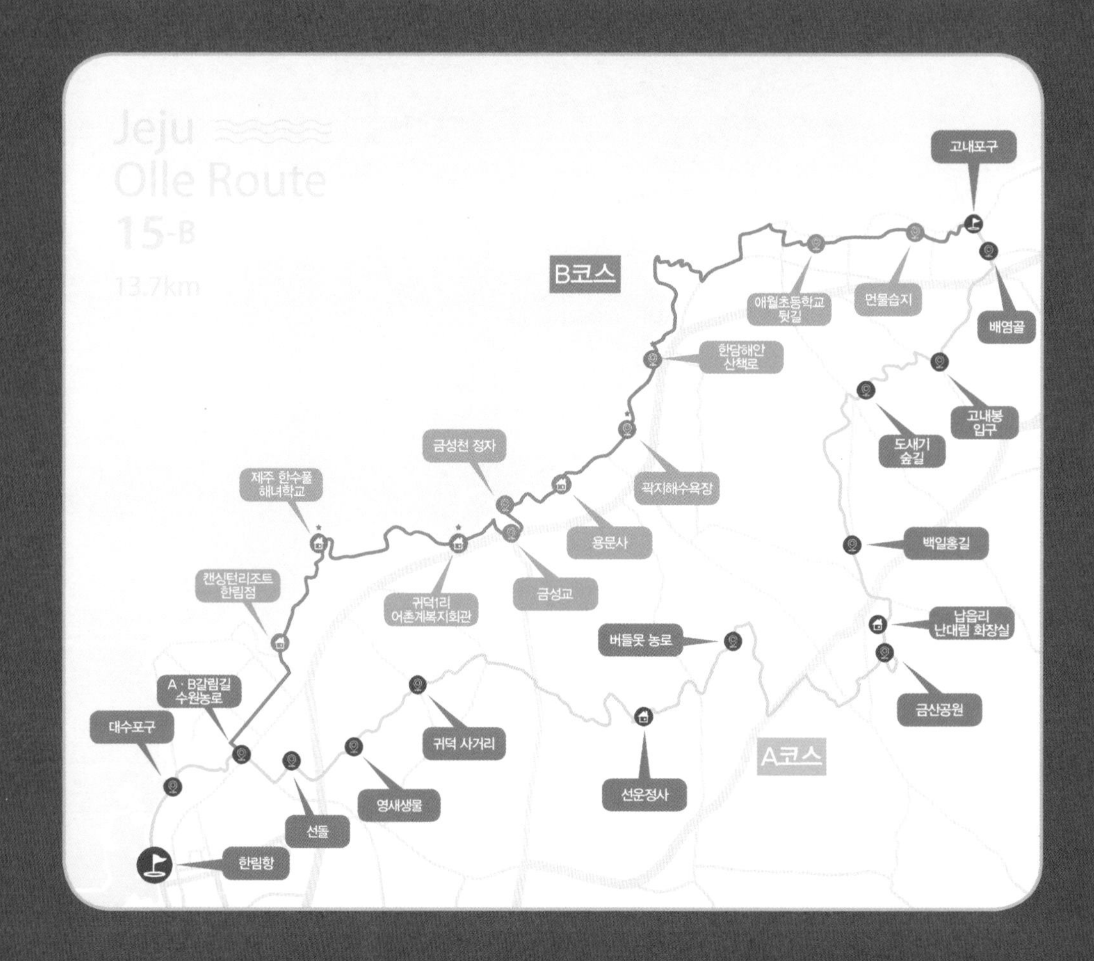

★ 꼭 들러야 할 필수 코스!

금산공원
애월읍
한림항
한림읍

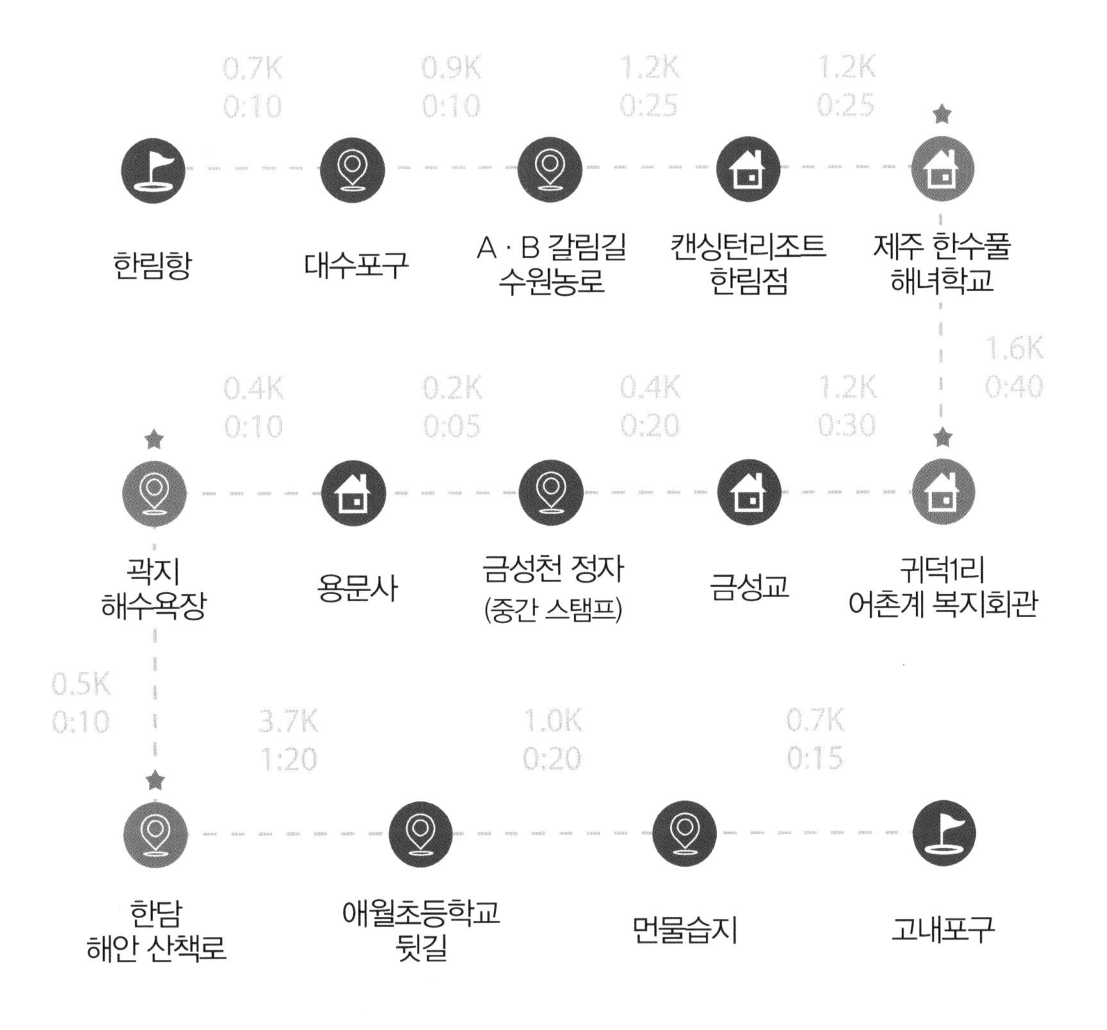
한림항
0.7K
0:10
대수포구
0.9K
0:10
A · B 갈림길
수원농로
1.2K
0:25
캔싱턴리조트
한림점
1.2K
0:25
제주 한수풀
해녀학교
1.6K
0:40
귀덕1리
어촌계 복지회관
1.2K
0:30
금성교
0.4K
0:20
금성천 정자
(중간 스탬프)
0.2K
0:05
용문사
0.4K
0:10
곽지
해수욕장
0.5K
0:10
한담
해안 산책로
3.7K
1:20
애월초등학교
뒷길
1.0K
0:20
먼물습지
0.7K
0:15
고내포구

제주올레길 15-B코스 (한림항~고내포구)

아름다운 곽지 과물해변과 한담 해안 산책로 따라 걸어요

곽지 과물해변

한림항. 비양도 도항선 승선장

대수포구를 둘러보고 해안 산책로를 걷다가 제주어로 '뿔소라(참소라)'라는 뜻의 구쟁기 조형물을 발견하고 기념 인증 샷을 찍었다. 제주 최초의 해녀학교인 제주 한수풀 해녀학교 앞에 서 있는 해녀 동상들을 구경하고 귀덕1리 어촌계 복지회관을 지나 귀덕1리 전통포구의 '제주 영등할망 신화공원'에 도착하였다.

대수포구

제주 한수풀 해녀학교 해녀상

제주 한수풀 해녀학교

귀덕1리포구

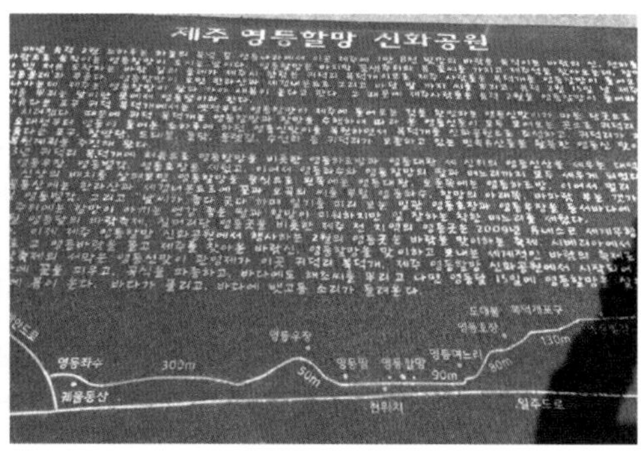

제주 영등할망 신화공원

제주 영등굿은 제주도에서 음력 2월에 바다의 평온과 풍어를 기원하기 위하여 영등신에게 올리는 당굿이다. 조선 중종 시대의《신증동국여지승람》에 영등굿이 행해진 기록이 있는 것으로 보아 매우 오랜 역사를 지닌 제주만의 세시풍속이다. 영등은 '영등할망(영등할머니)'이라고 하는 여신으로 '강남천자국' 또는 '외눈박이섬(一目人島)'에 산다. 매년 음력 2월 초하룻날에 제주도 귀덕(歸德) 1리를 찾아왔다가 이달 15일에 제주도 동쪽 끝에 있는 구좌읍 소섬(牛島)을 거쳐 다시 본국으로 돌아간다고 전해진다. 바다를 통해 삶을 영위하는 제주 어민들에게 '영등굿'은 특별한 의미를 지닌다. '영등할망'이 찾아드는 기간에는 제주도 곳곳

영등할망의 딸.
영등할망이 딸을 데리고 오면
바람도 일찍 거두고 봄이 일찍 온다

영등할망의 며느리.
바당밭에 해초의 씨를 뿌려주는 잠녀의 수호신

영등할망.
음력 2월 1일 제주에 와서 영등바람을 뿌리고 15일에 떠나는 바람의 신

영등하르방.
영등할망의 바람주머니에 오곡의 씨앗과 봄 꽃씨를 담아주는 신

영등우장.

영등할망을 도와주는 영등신 중 비,
날씨의 예보를 일관하는 신

영등대왕.

영등나라에서 얼음산과 서북풍을 지키고 있는 대왕

영등호장.

성깔 없고 무게 없는 바람으로 이 해는 여름이 빨리 온다.

영등별감.

바다에 물고기 씨를 뿌려주는 어부들의 영등

에서 영등굿을 지내며, 영등 시기에는 배를 타고 바다에 나가거나 집 안에서 빨래를 해서는 안 된다고 한다. 제주 영등할망 신화공원을 둘러보며 제주 영등굿에 대한 소개와 구전에 나오는 인물들인 영등할망, 영등하르방, 영등할망의 딸과 며느리, 영등우장, 영등대왕, 영등호장, 영등별감 등을 만나보는 재미가 쏠쏠했다.

칠머리당 영등굿

복덕개포구

도대불

복덕개포구

제주도에서 행해지는 수많은 영등굿 중에 건입동 칠머리당에서 펼쳐지는 굿이 바로 국가 지정 중요무형문화재 제71호로 지정된 '제주칠머리당 영등굿'이다. 이 명칭은 영등굿이 치러지는 마을 이름(건입동의 속칭이 '칠머리')을 따서 이름 붙여졌는데 1980년 안사인(安士仁, 1928~1990) 심방이 예능보유자로 인정받으면서 널리 알려지기 시작했다. 제주칠머리당 영등굿은 영등신에 대한 제주 특유의 해녀 신앙과 민

복덕개포구의 돌의자. 모양이 인상적이다

속신앙이 어우러진 당굿으로 현재 칠머리당 영등굿 보존회에서는 영등할망이 제주를 방문하는 음력 2월 1일에 칠머리당에서 영등신이 들어오는 영등 환영제를, 영등신이 돌아가는 2월 14일에는 용왕에 대한 제사까지 포함하는 영등 송별제 행사를 성황리에 개최한다. 제주시 도심 한복판 동문시장을 가로지르는 제주올레길 18코스 산지천을 따라 걷다가 제주항을 지나 사라봉 방면으로 언덕을 오르다 보면 '칠머리당 영등굿당'을 만날 수 있다. 복덕개포구에서 돌로 만든 히프 모형의 익살스러운 의자에 앉아 잠시 휴식을 취한 다음 금성천 정자에 도착해서 중간지점 스탬프를 찍었다.

곽지해수욕장 초입에 위치한 이국적인 풍경의 '붉은못 허브팜'에서 햄버거, 라면, 콜라 세트 메뉴로 점심 식사를 했는데 수제햄버거도 특이하고 푸짐하면서 맛도 좋았다. 즐거운 식사를 마치고 아름다운 곽지해수욕장의 백사장을 걸으며 과물노천탕도 둘러보고 쪽빛 바다 풍광도 즐겼다. 곽지 과물해변을 지나 표해록을 구경한 다음 한담 해안 산책로를 따라 고내포구까지 걸었다. 한담 해안 산책로는 에메랄드빛 바다를 끼고 수많은 기암괴석이 즐비하게 늘어선 해안 산책로로, 너무 아름다운 해안 길이었다.

과물노천탕

곽지해수욕장

한담 해안 산책로

고내 → 광령

삼별초 최후의 항몽 항전지 항파두리

거리(km) 15.8

시간(시, 분) 6:20

도보여행일: 2018년 04월 10일~04월 11일
코스개장일: 2010년 03월 27일

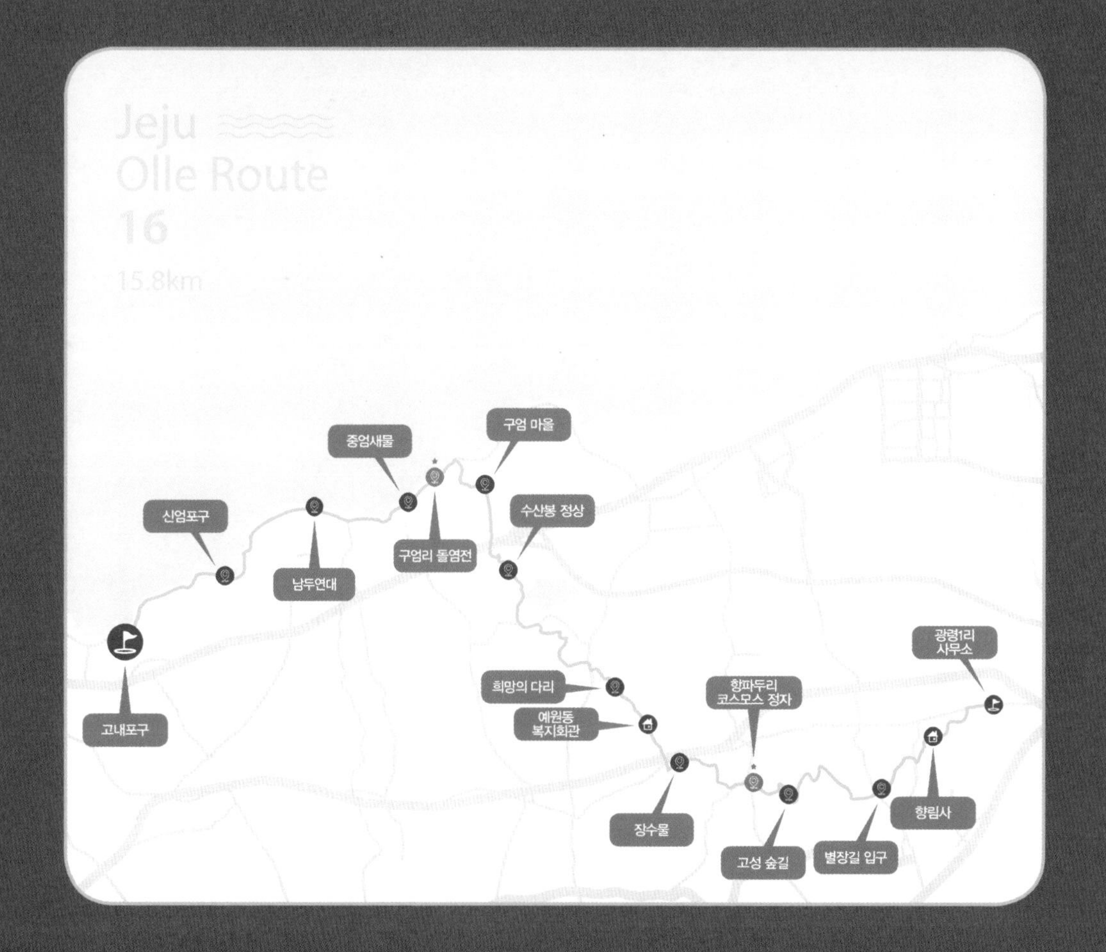

★ 꼭 들러야 할 필수 코스!

Jeju Olle Trail Route Information
26 routes 425km

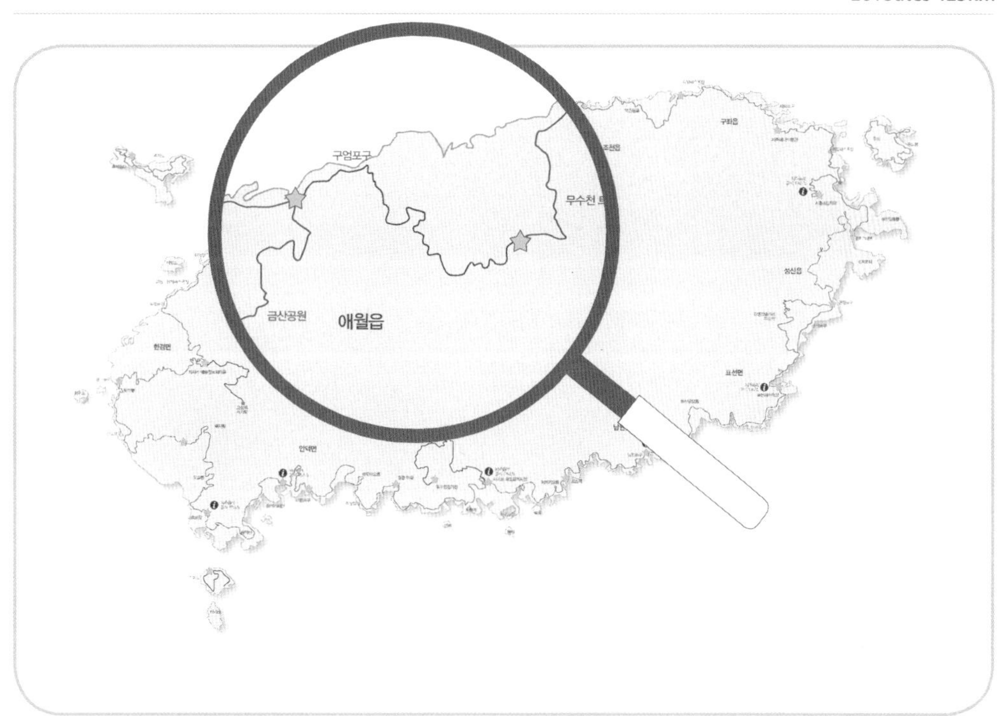

제주올레길 16코스 (고내포구~광령1리 사무소)

삼별초 최후의 항몽 항전지 항파두리

항파두리 토성, 고려 삼별초군의 김통정 장군이 대몽 항전을 위해 쌓은 토성

고내포구를 출발하여 해안도로를 따라 옥빛 바다를 감상하며 걷다가 재일 고내인 시혜 불망비를 지나 다락 쉼터에 도착했다. 고내포구 경치를 감상한 다음 신엄포구를 향하여 걷다가 테우를 만났다. 테우는 제주도 방언으로 뗏목을 말하며 통나무 십여 개를 엮어서 만든 제주 전통 배다.

고내포구(제16코스 시작점)

고내포구

다락 쉼터, 재일 고내인 시혜 불망비

신엄포구

테우, 통나무 십여 개를 엮어서 만든 배로 한국 선박사의 원형

테우에 올라 기념사진을 찍고 신엄포구의 단애 산책로, 남두연대, 중엄새물을 지나 구엄리 돌염전에 도착했다. 구엄 마을 포구에는 소금빌레라는 천연 암반의 돌염전이 있는데 옛 조상들이 해안가 너른 암반 위에 바닷물을 가두고 햇볕으로 증발시켜 천일염을 만들었던 곳이다. 고내포구의 '바다와 자전거'에서 돈가스에 맥주를 곁들여서 점심 식사를 했는데 맛도 좋고 푸짐해서 좋았다.

신엄포구의 단애 산책로

구엄리 돌염전(소금빌레)

수산봉을 올랐다가 수산교를 건너 수질이 맑고 수량이 풍부하여 지역주민들의 식수로 사용했었다는 큰섬지(대천)를 둘러보고 예원동 복지회관을 지나 장수물에 도착했다. 장수물은 삼별초의 김통정 장군에 관한 전설이 얽힌 유적지로 명성보다 규모가 너무 왜소해서 실망스러웠다. 중산간 도로를 따라 걷다가 고려 원종 때 김통정 장군과 삼별초 대원들이 여몽 연합군과 마지막까지 치열하게 싸웠던 항파두리 항몽 유적지에 도착하였다. 고려 원종 때 삼별초군은 강화도에서 진용을 정비한 다음 진도로 근거지를 옮겨 대몽 항전을 이어갔다. 그러나 진도에서 패한 뒤 삼별초군은 제주도로 들어와 안팎 이중으로 된 토성인 항파두성을 쌓고 이곳에서 최후까지 항몽 항전을 했다. 항파두성의 내성은 사각형 구조로 둘레가 약 750m, 외성은 둘레가 약 3.8km, 면적이 24만여 평에 달한다고 한다.

큰섬지(대천), 주민들의 식수를 공급하던 곳

예원동 팽나무

항몽 유적지의 항몽순의비

항파두리 항몽 유적지를 둘러본 후 항파두리 코스모스 정자에서 중간 스탬프를 찍고 고성 숲길, 청화 마을, 향림사, 광령초등학교를 지나 이번 일정의 종착지인 광령1리 마을회관에 도착했다. 한림항의 '한림바다 체험마을'에서 친구 송인엽이 사주는 고등어회와 우럭조림으로 포식했다.

항파두리 코스모스 정자(중간 스탬프 찍는 곳)

광령 → 제주 원도심

도두봉에 올라 한라산과 제주 전경 즐겨요

거리(km) 18.6

도보여행일: 2018년 04월 14일
코스개장일: 2010년 09월 25일

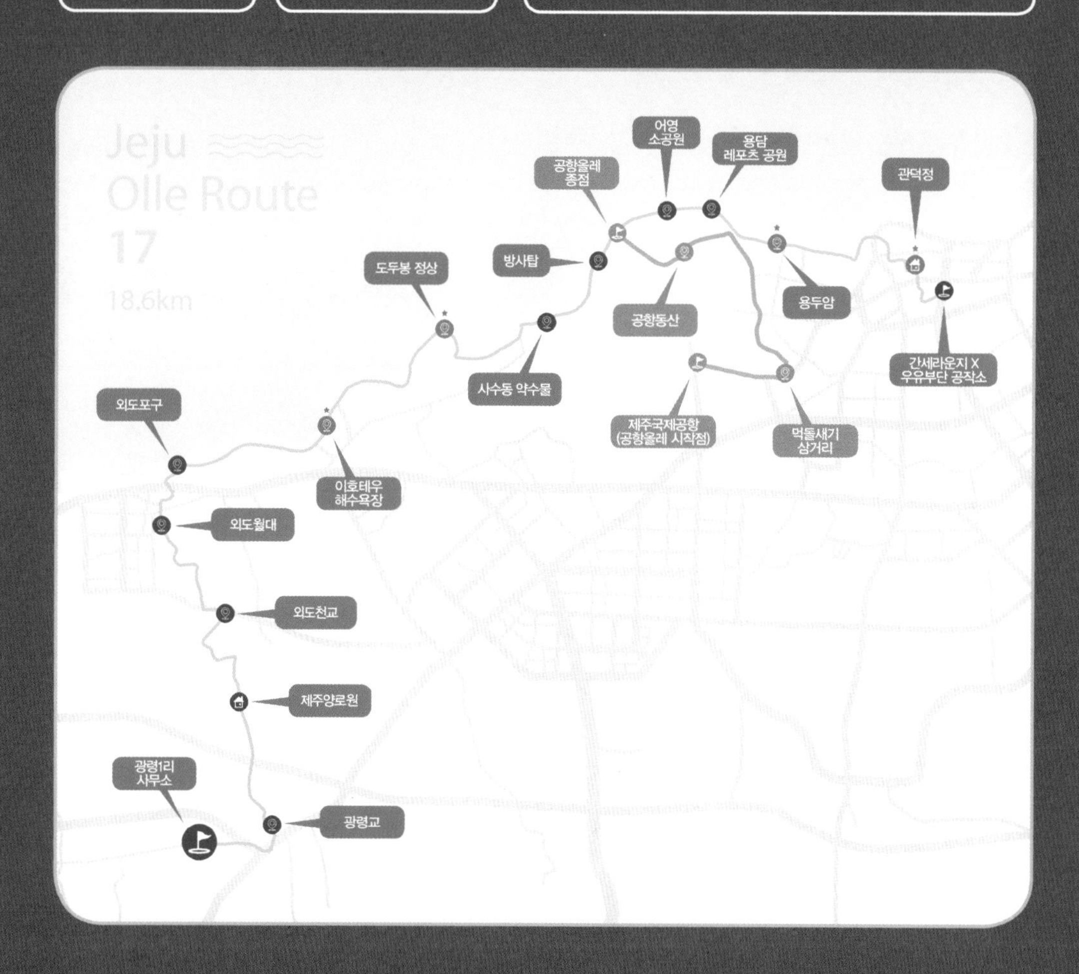

★ 꼭 들러야 할 필수 코스!

Jeju Olle Trail Route Information
26 routes 425km

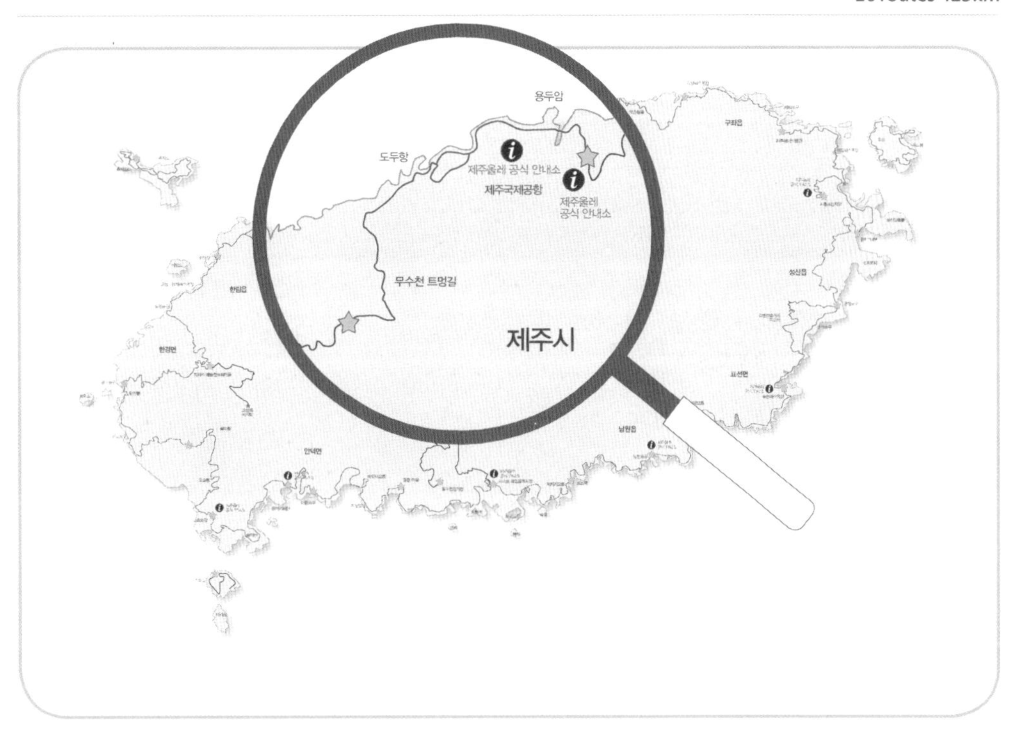

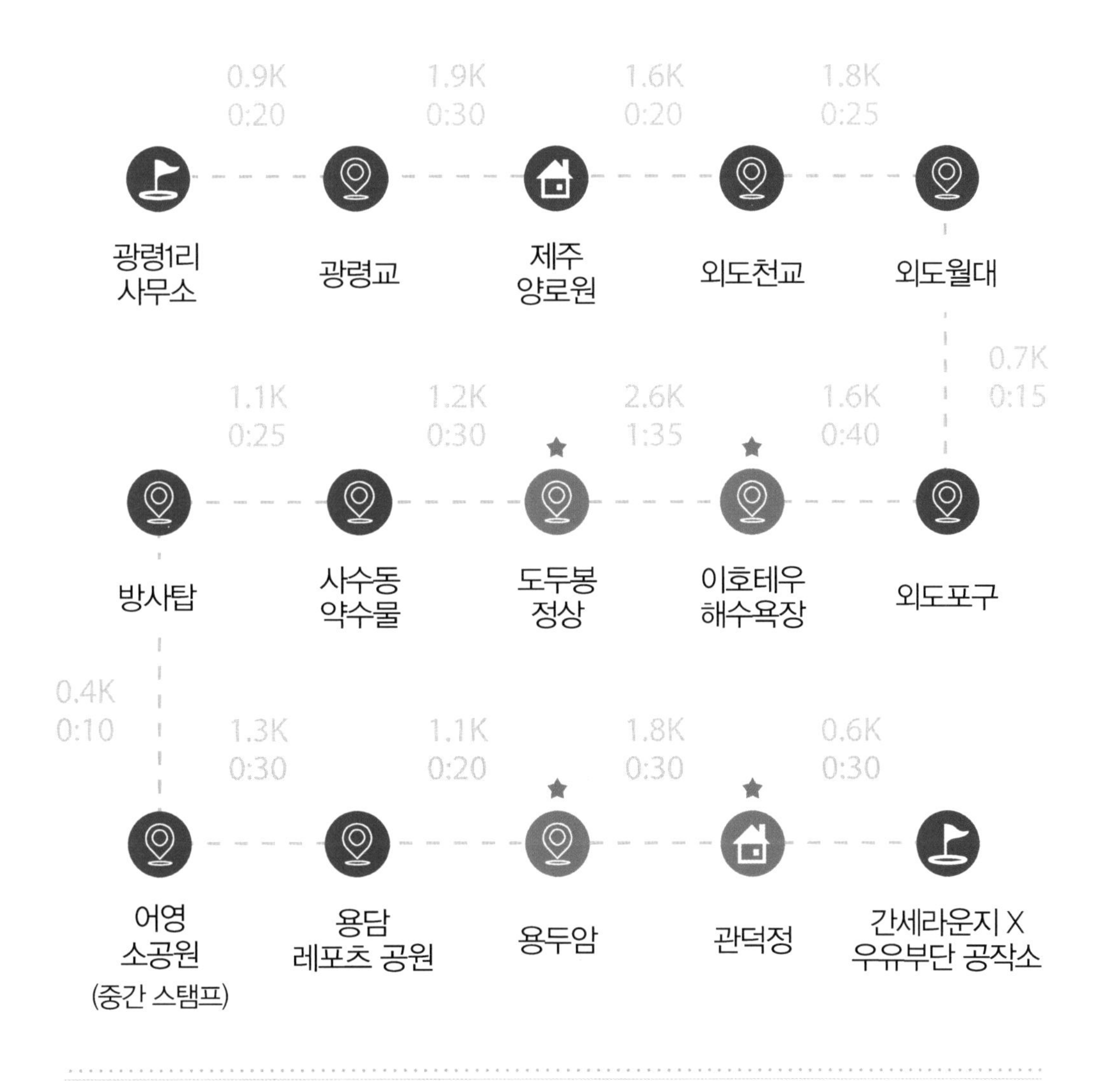

제주올레길 17코스 (광령1리 사무소~간세라운지 X 우유부단 공작소)

도두봉에 올라 한라산과 제주 전경 즐겨요

도두항포구

아침부터 비가 내렸다. 오전 8시, 광령1리 사무소를 출발하여 무수천 사거리를 지나 광령교를 건넜다. 창오교를 지나 외도천교를 건너 외도 포구에 도착했다. 외도팔경은 월대피서[月臺避暑; 월대에서의 피서], 야소상춘[野沼賞春; 들이소(월대천 남쪽)에서의 봄 구경], 마지약어[馬池躍漁; 마지(연대입구 마이못)에 뛰는 물고기], 우령특송[牛嶺特松; 우왓〈(牛臥)동산의 큰 소나무], 대포귀범[大浦歸帆; 큰 포구(조공포)로 돌아오는 돛단배], 광탄채조[廣灘採藻; 넓은 여에서 해조(海藻) 캐는 모습], 사수도화[寺水稻花; 절물 벼밭에 벼꽃 핀 모습], 병암어화[屛岩漁火; 병풍바위에서 고기잡이 불구경]라고 한다.

제1경인 월대피서로 유명한 월대를 둘러보았다. 월대는 외도천변에 인접해 있는 평평한 누대로 신선이 하늘에서 내려와 외도천 물가에 밝은

달그림자가 드리운 장관을 즐겼다고 해서 붙은 이름이다. 외도천 주변으로 수령이 5백여 년 된 팽나무와 해송들이 강을 향해 늘어트린 나뭇가지들이 촉촉이 내리는 빗줄기와 어울려 멋진 풍경을 자아냈다. 예로부터 이곳에는 은어와 뱀장어가 많이 잡혔는데 특히 은어는 임금 진상품으로 맛이 좋았다고 한다.

외도월대

알작지해변의 청보리밭, 세찬 바람에 보리가 출렁거린다

월대를 지나 보리밭길을 돌아 외도포구, 알작지해변을 지나 이호테우해수욕장에 도착했다. 해변가에는 제주 전통 배인 테우 조형물이 설치되어 있었다. 아직 여름 성수기는 아니라 백사장에 피서객들은 없었지만 촉촉이 내리는 비를 맞으며 모래사장을 밟는 기분은 괜찮았다.

외도포구

알작지해변

이호테우해수욕장

제주 조랑말을 형상화한 흰색과 붉은색 말 모양의 아름다운 이호테우해변의 등대를 한 바퀴 돌아본 후 도두 추억의 거리로 들어섰다. 붉은 왕돌 할망당을 둘러본 후 도두봉 산책로 입구의 '동해반점'에서 해물짜장면으로 점심 식사를 했다. 해물짜장면에 해물은 하나도 없고 식재료

이호테우해변의 등대, 한쌍의 붉은말과 흰말 등대

제주공항에서 이륙한 비행기가 도두봉 위를 날고 있다

붉은왕돌 할망당. 본향당에는 팽나무와 보리수나무가 어우러져 있다

도 오래되어 엉망이고, 종업원 서비스도 친절함은 온데간데없는 총체적 난국의 음식점이었다. 음식점을 잘못 고른 스스로를 자책하며 '참는 자에게 복이 오나니'만 되새기며 마음을 달래느라 무척 애를 먹었다.

생선뼈 모양의 독특한 형상을 띤 도두항교를 건너 도두봉으로 올랐다. 도두봉 정상에 오르니 한라산과 제주시, 제주국제공항 전경이 한눈에 들어왔다. 정상에 앉아 제주국제공항에서 비행기 이륙하는 장면을 구경했다. 비행기가 3~4분 간격으로 한 대가 내려오면 다른 한 대가 뜨면서 활주로가 잠시도 쉴 틈이 없었다.

도두항포구

도두항교

도두봉을 내려와 사수동을 지나는데 거센 바람에 청보리들이 넘실거렸다. 청보리밭 향연을 한참 구경하다 방사탑을 지나 어영 소공원에 도착했다. 어영 소공원에서 중간지점 스탬프를 찍고 용두암으로 향했다. 용두암까지의 해안 산책로는 비바람이 거세게 몰아치는 파도 때문에 걷기도 힘들었다. 학창 시절 수학여행 때 보았던 용두암은 웅장했는데 지금 바라보는 용두암은 너무 왜소하고 초라했다. 우리의 눈높이가 많이 높아진 탓인지….

신사수동 청보리밭

방사탑

어영 소공원

용두암

용연 다리를 건너 무근성을 지나 조선시대 제주 최고 행정관청이던 제주목 관아에 도착했다. 관덕정, 망경루 등 제주목 관아 내부를 둘러보고 오늘 종착지인 간세라운지 X 우유부단에 도착했는데, 세찬 비바람으로 인하여 심신이 파김치가 되었다. 종착지에서 인증 샷을 찍고 도두해수파크에서 해수 사우나로 지친 몸을 달랜 다음 택시를 타고 노형동의 '늘봄흑돼지' 식당으로 갔다. 항정살 5인분과 소주로 환상적인 저녁 식사를 했다. 종업원들이 VIP 대접을 해주어서 하루 종일 비에 맞아 꿀꿀 했던 기분이 한 방에 날아갔다.

제주목 관아

제주 원도심 → 조천

제주 항일운동의 역사적 현장 속으로

도보여행일: 2018년 03월 20일~03월 21일
코스개장일: 2011년 04월 23일

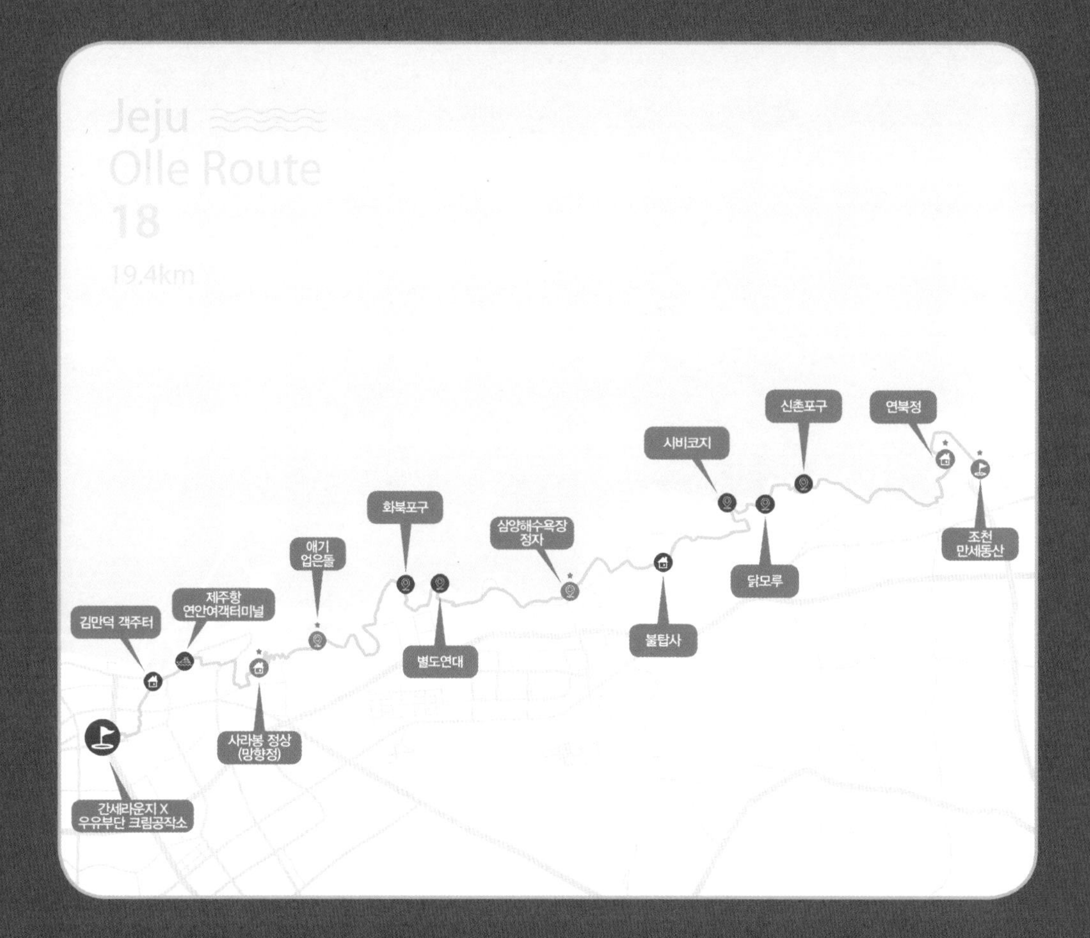

★ 꼭 들러야 할 필수 코스!

Jeju Olle Trail Route Information
26 routes 425km

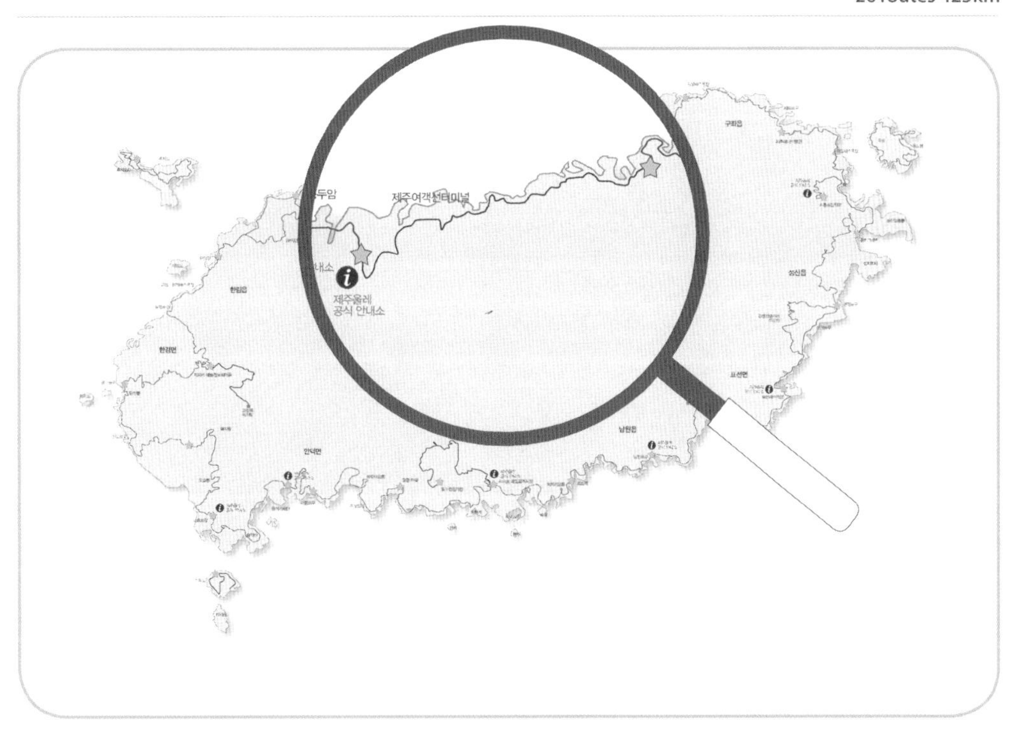

제주올레길 18코스 (간세라운지 X 우유부단 공작소~조천만세동산)

제주 항일운동의 역사적 현장 속으로

조천만세동산

제주올레의 첫날이다. 숙소를 출발해 협재리 버스 정류장에서 202번 시외버스를 타고 제주시외버스터미널에 도착했다. '또오라정식'에서 백반으로 아침 식사를 했는데 식당 분위기가 왠지 이상했다. 해마다 제주에 오면 이 식당에서 아침 식사를 했는데 항상 반겨주던 총각 사장이 오늘은 보이지 않았다. 주인아주머니도 없고 딸만 혼자서 음식을 차려주는데 반가워하지도 않았다. 총각 사장한테 무슨 일이 생긴 건지….

시내버스를 타고 동문시장으로 이동했다. 제주시 동문시장은 제주흑돼지, 은갈치, 고등어, 오메기떡, 고기국수 등 다양한 제주 특산물이 풍성한 대표적인 시장으로 항상 사람들로 인산인해(人山人海)를 이룬다. 10년 단골집인 '오이수산'에 들러 싱싱한 은갈치와 고등어를 구매하여 집사람과 아들, 딸에게 보냈다. 오이수산에서 나의 예명은 '대전한라산'이

제주동문시장

다. 역시 갈치는 제주은갈치가 최고다. 고등어도 '오이수산' 물건은 크고 맛있다.

오전 11시, 18코스 출발지점인 간세라운지 X 우유부단 크림공작소를 출발하여 귤림서원에서 오현단, 장수당, 향현사를 구경하고 동문시장을 거쳐 산지천 분수대에 도착했다. 산지천을 따라 내려가다 김만덕 객주터를 지나 제주항여객선터미널 맞은편에서 사라봉 정상으로 올라갔다. 사라봉 정상에서 내려다본 제주 시내와 제주항의 모습은 아름다웠다. 사라봉의 일몰은 예로부터 사봉낙조(紗峰落照)라 하여 제주 십경의 하나로 꼽았다고 한다. 칠머리당 영등굿당을 거쳐 별도봉 능선을 따

사라봉 정상의 망향정

라 목제 데크를 걸어 '애기업은돌'이라는 기암괴석에 도착했다. 바위 모양이 마치 어머니가 아기를 업고 있는 모양 같다고 하여 '애기업은돌'이라 부르게 되었다고 한다.

사라봉을 내려오자 제주 4.3 사건 유적지인 화북 곤을동에 도착했다. 곤을동은 화북천을 기준으로 바깥 곤을, 가운데 곤을, 안 곤을의 세 곳으로 나뉘는 큰 마을이었는데 4.3 사건 때 마을 전체가 완전히 불에 타 역사 속으로 사라졌다. 도민 학살이 얼마나 참혹했는지를 엿볼 수 있는 현장으로 가슴이 먹먹해졌다. 곤을동의 '제주돌담' 식당에서 고등어 조림정식으로 점심 식사를 하고 삼양 검은모래해변으로 이동했다. 비가 쏟아지고 바람이 세차게 불었다. 시간도 늦고 거센 파도로 날씨도 좋지 않았다. 삼양 검은모래해변에서 트레킹을 마무리했다. 시외버스를 타고 제주터미널을 거쳐 오후 5시 30분 협재리에 도착했다. 숙소 근처 '협재 칼국수' 음식점에서 저녁 식사로 칼국수를 먹었는데, 값은 비싸고 맛은 없고 트레킹 첫날부터 고생길이었다.

삼양 검은모래해변

삼양해수욕장, 폭풍우로 파도가 높다

다음날도 아침부터 비가 내렸다. 오전 7시에 택시를 타고 제주터미널에 도착했는데 택시비가 3만 원씩이나 나왔다. 다음부터는 시외버스를 타야지…. 제주터미널 부근의 '유자삼계탕' 식당에서 김치찌개와 청국장으로 아침 식사를 했다. 예전 제주 방문 때에는 음식 맛이 좋았는데 이번엔 실망스러웠다. 시외버스를 이용해 삼양해수욕장에 도착했다. 정자에서 중간 스탬프를 찍고 원당봉으로 향했다. 원당봉에는 대한불교조계종 불탑사, 한국불교태고종 원당사, 대한불교천태종 문강사 세 개의 절이 자리 잡고 있었다. 불교계의 3대 종파가 한자리에 위치하고 있는 걸 보니 풍수지리적으로 명당 터인 것 같았다. 원당사에는 관음불상이 웅장했고 불탑사에는 기황후가 세웠다는 오층석탑이 주변의 팽나무와 어울려 신비스러운 분위기를 자아내었다.

원당봉 입구

불탑사 오층석탑(보물 제1187호)

신촌 가는 옛길에 마주친 만개한 유채꽃밭, 닭모루, 신촌포구, 수암정을 지나 연북정에 도착했다. 연북정은 제주로 유배 온 사람들이 북녘의 임금께 사모의 충정을 보내며 한양으로부터 돌아오라는 기쁜 소식을 기다리던 곳이다. 이곳을 지나 조천만세동산에 도착했다.

신촌 가는 옛길의 유채꽃밭

닭모루, 정자에서 좌측 해변가 끝의 돌출 부분이 닭머리

신촌포구

장수물

연북정

조천리

조천만세동산은 1919년 제주 3대 항일운동 중 하나인 '조천만세운동'이 일어났던 곳이다. 대표적인 제주 항일운동으로는 조천만세운동과 서귀포 승려들이 중심이 된 1918년 '법정사 항일운동', 제주 해녀들이 중심이 된 1931년 '제주 해녀 항일운동'이 있다. 주룩주룩 내리는 비를 맞으며 조천만세동산을 둘러보니 피눈물로 독립을 외치던 조상들의 함성이 들리는 것 같았다.

오후 1시 40분, 조천읍의 '중화요리 황제 궁'에서 짜장면과 이과두주로 맛있게 점심 식사를 한 다음 시외버스를 타고 제주터미널에 도착,

택시로 '도두해수파크'로 가서 해수욕을 했다. 제주도에 올 때마다 꼭 찾아가는 제주시외버스 터미널 부근의 '용이식당'에서 오삼두루치기로 저녁 식사를 했는데 맛도 좋고 가격도 저렴하며 주인도 친절했다. 시외버스로 협재리에 도착해 택시를 타고 귀가했다.

조천만세동산

추자도

모자의 애절한 사연이 담긴 추자도올레

거리(km) 18.2

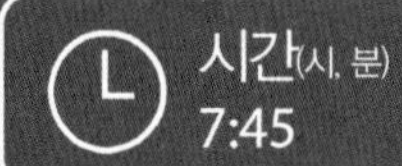

시간(시, 분) 7:45

도보여행일: 2018년 03월 23일~03월 24일
코스개장일: 2010년 06월 26일

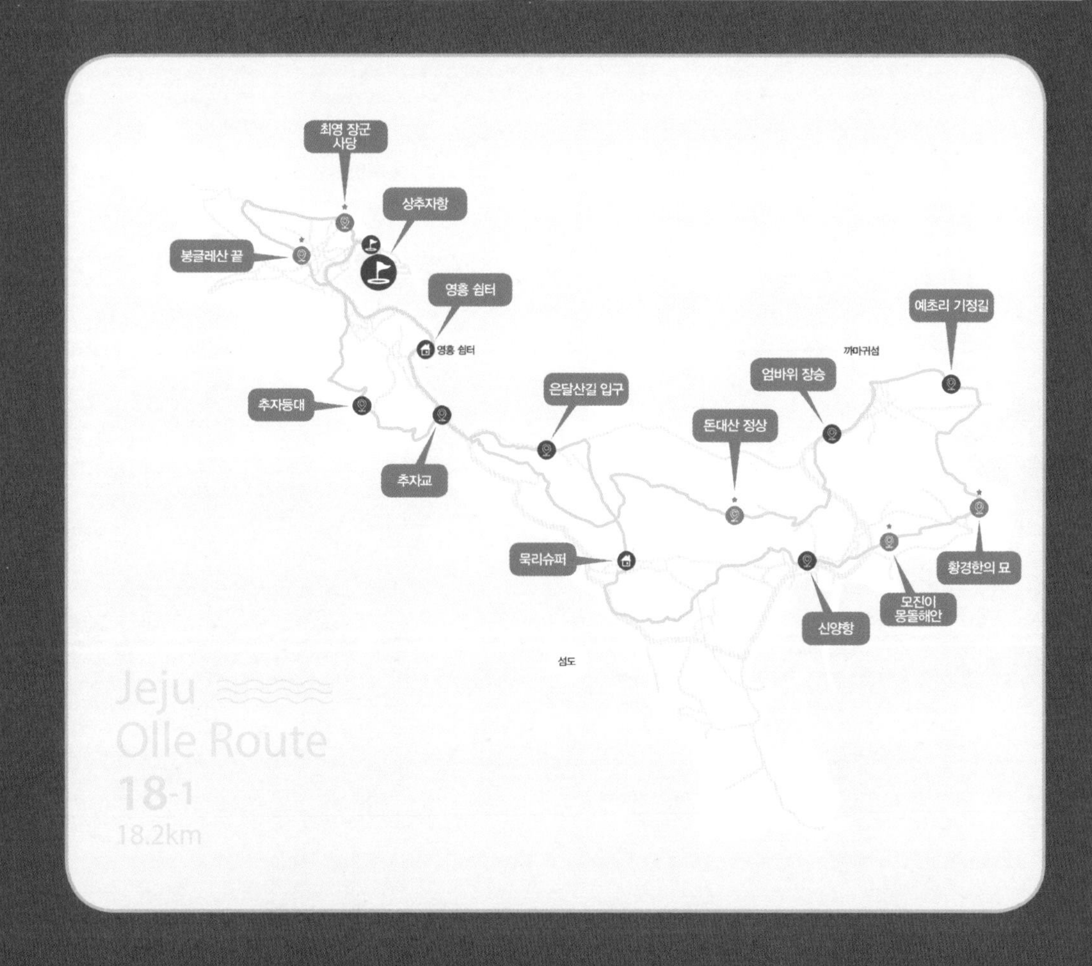

★ 꼭 들러야 할 필수 코스!

추자도
추자등대
제주시
서귀포시

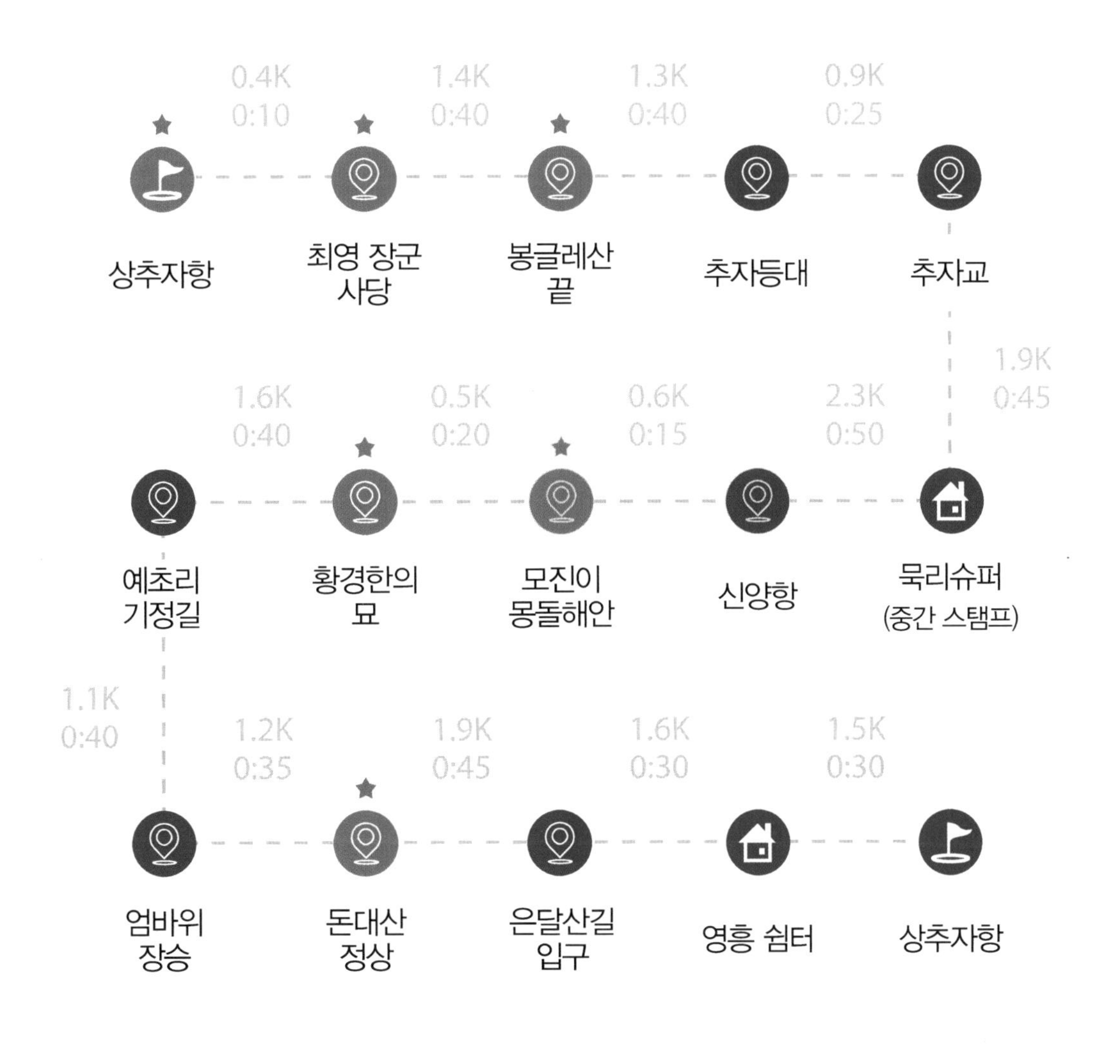
0.4K
0:10
1.4K
0:40
1.3K
0:40
0.9K
0:25
상추자항
최영 장군 사당
봉글레산 끝
추자등대
추자교
1.9K
0:45
1.6K
0:40
0.5K
0:20
0.6K
0:15
2.3K
0:50
예초리 기정길
황경한의 묘
모진이 몽돌해안
신양항
묵리슈퍼 (중간 스탬프)
1.1K
0:40
1.2K
0:35
1.9K
0:45
1.6K
0:30
1.5K
0:30
엄바위 장승
돈대산 정상
은달산길 입구
영흥 쉼터
상추자항

제주올레길 18-1코스 (추자도)

모자의 애절한 사연이 담긴 추자도올레

봉글레산 정상에서 바라본 상추자항

한림읍의 '한림해장국'에서 아침 식사를 했다. 소머리해장국이 얼큰하면서 깔끔했고 주인아주머니도 매우 친절해서 좋았다. 택시를 타고 제주연안여객선터미널에 도착해 추자도행 왕복 배편을 구매했다. 날씨는 화창해 추자도로 들어가는 선상에서 바라본 제주시 해안이 쪽빛 바다와 어울려 환상적인 경관을 자아냈다.

추자도는 크게 상추자도와 하추자도로 이루어져 있다. 한반도와 제주도를 잇는 교통 및 군사 요충지로 고려 공민왕 때 최영 장군이 제주 몽고의 난을 진압하기 위하여 제주도로 들어갈 때 고려군의 주둔지로 사용했던 섬이다. 옛날에는 전라남도에 예속되어 있었고 육지에서 제주로 갈 때 거센 바람을 피하던 섬이라고 해서 후풍도라고도 불렸다.

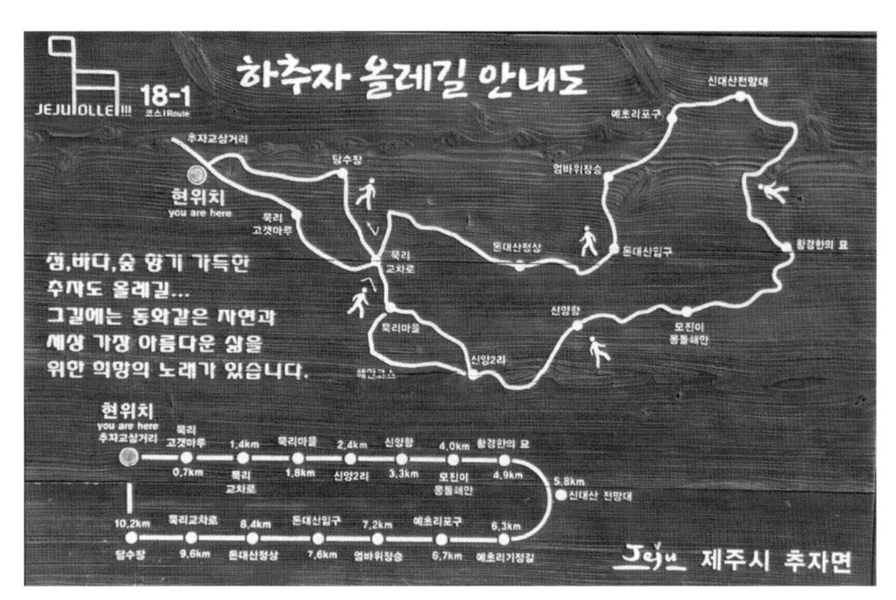

추자올레 안내도

추자도 안내도

오전 9시 30분 제주항을 출발하여 10시 45분 상추자도항에 도착하니 항구는 어선들로 가득했고 주변에는 면사무소, 초등학교, 숙소, 음식점들로 번잡했다. 태흥여관에 숙소를 정하고 '추자 오동여식당'에서 회덮밥으로 점심 식사를 한 다음 추자 면사무소를 지나 최영 장군 사당으로 올라갔다. 예로부터 추자도 사람들은 매년 정월 보름날이면 장군을 기리며 제사를 지냈는데 오늘날 풍어제로 이어지고 있다. 봉글레산 정상에 올라 추자항을 내려다보니 알록달록한 어촌항과 주변 섬들이 어울려 마치 한 폭의 풍경화를 보는 것 같았다.

추자도 상추자항

최영 장군 사당

추자등대에서 바라본 추자대교와 하추자도

순효각을 지나 박씨 처서각으로 가는데 길 양편에는 골파가 한창 자라고 있었다. 파릇파릇한 골파가 싱싱하고 먹음직스러웠다. 아주머니들이 삼삼오오 모여 앉아서 골파를 다듬고 있었는데 추자도 골파김치를 삼치찌개에 넣어 먹으면 맛이 일품이라며 자랑했다. 박인택의 박씨 처서각에서 상추자항을 바라보는 경치는 너무나 아름다웠다. 절기미절골 정상에서 바라본, 후포 앞바다에 설치된 원형 가두리 참치 양식장과 상추자도와 하추자도를 잇는 추자교의 모습은 매우 인상적이었다. 추자교를 건너 하추자도로 들어서자 추자도의 특산품인 참굴비 대형 조형물이 우리를 반겼다.

추자등대에서 바라본 상추자항

추자교

추자교의 참굴비상

숲길을 따라 걷다가 묵리고개를 넘어 묵리슈퍼에서 중간지점 스탬프를 찍고 하추자도의 신양항에 도착하였다. 오후 4시 30분에 순환버스를 타고 상추자항으로 돌아와 '추자 오동여식당'에서 모둠 회 종합해산물 메뉴로 소주를 곁들여 저녁 식사를 했다. 회도 싱싱하고 푸짐하며 맛도 일품이었다. 추자도 삼치회가 별미라는데 지금은 출항을 못 해 고기가 없다고 했다. 다음에 삼치회 맛보러 추자도에 다시 와야겠다.

하추자도의 신양항

신양항 여객선 대합실

다음날 아침 6시에 기상해 오동여식당에서 우럭매운탕으로 아침 식사를 하고 오전 9시 순환버스를 타고 신양항에 도착했다. 둥근 몽돌이 깔려 있는 아름다운 모진이 몽돌해안을 지나 언덕 위 황경한의 묘에 도착했다. 황경한은 조선 순조 시절 천주교 신유박해 때 백서 사건으로 순교한 황사영과 정난주 마리아 사이에서 태어난 아들이다. 백서 사건으로 정난주 마리아는 제주 대정현의 관노로 유배되고, 당시 2살이었던 아들 황경한은 추자도로 유배되었다. 정난주 마리아는 아들을 살리기 위해 뱃사공과 호송 관리를 꾀어 아들의 이름과 내력을 적은 헝겊을 아기의 옷에 붙여 추자도 예초리 해안가 바위에 내려놓았다. 다행히 소를 방목하던 하추자도 예초리 주민 오씨 부인이 해안가 갯바위 절벽

황경한의 묘

에서 울고 있던 황경한을 발견하고 거두어 길렀다. 황경한은 어른이 된 후 자신의 내력을 알고 항상 어머니를 그리워하며 제주도에서 고깃배가 들어올 때마다 어머니의 안부를 물어보았다고 한다. 정난주 마리아도 제주 대정읍에서 추자도의 아들을 그리워하다 생전에 만나보지 못한 채 37년간 길고 긴 인욕의 세월을 살다 하늘나라로 떠났다. 황경한의 묘 앞바다 예초리 해안가 갯바위에 서 있는 눈물의 십자가를 보니 평생 제주로 유배된 어머니를 그리워하며 예초리 해안가를 걸었을 황경한과 제주 대정읍 모슬포에서 추자도의 아들을 오매불망 그리워하며 눈물로

신대산 전망대에서 바라본 눈물의 십자가

눈물의 십자가와 황경한 인형

한평생을 살았을 정난주 마리아의 애절하고 기구한 삶이 떠올랐다. 코끝이 찡하고 가슴이 뭉클해졌다. 날씨 맑은 날에는 추자도에서 제주도가 한눈에 들어오고 제주 대정읍 모슬봉 정상에서도 추자도가 한눈에 들어온다고 한다. 가족들과 함께 제주올레 11코스에 있는 천주교 대정성지(정난주 마리아 묘)와 이곳 추자도올레를 걸으며 부모 자식 간의 사랑을 다시 한번 느껴보는 테마여행도 좋을 것 같다.

예초포구와 엄바위 장승을 둘러본 후 돈대산 정상에 올라 추자도 비경을 구경한 다음 해안가를 따라 추자교를 건너 오후 2시에 다시 상추자항으로 돌아왔다. 이번에는 추자도 맛집으로 유명한 '제일식당'에서 잡어와 노래미회로 점심 식사를 했다. 이번 추자도 트레킹은 삼치회도 별미로 처음 먹어보고 섬 풍광도 멋있고 독특해서 좋았다. 다음엔 참굴비 축제가 열리는 6월에 다시 들러 추자도 명물 참굴비 한 상을 먹어봐야겠다.

예초포구

돈대산 정상에서 바라본 하추자도의 신양항

조천 → 김녕

제주 4.3 항쟁의 근원지 너븐숭이

거리(km) 19.4

도보여행일: 2018년 03월 22일
코스개장일: 2011년 09월 24일

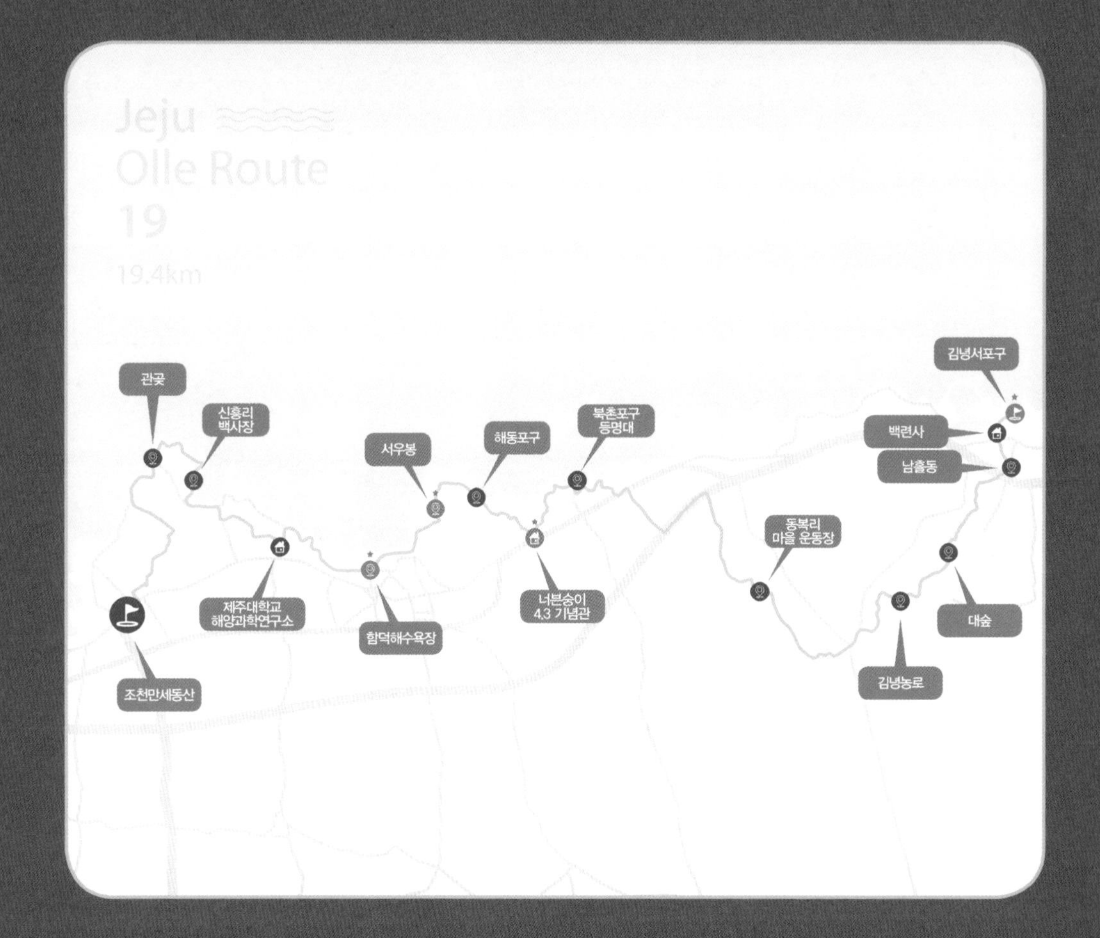

★ 꼭 들러야 할 필수 코스!

Jeju Olle Trail Route Information
26 routes 425km

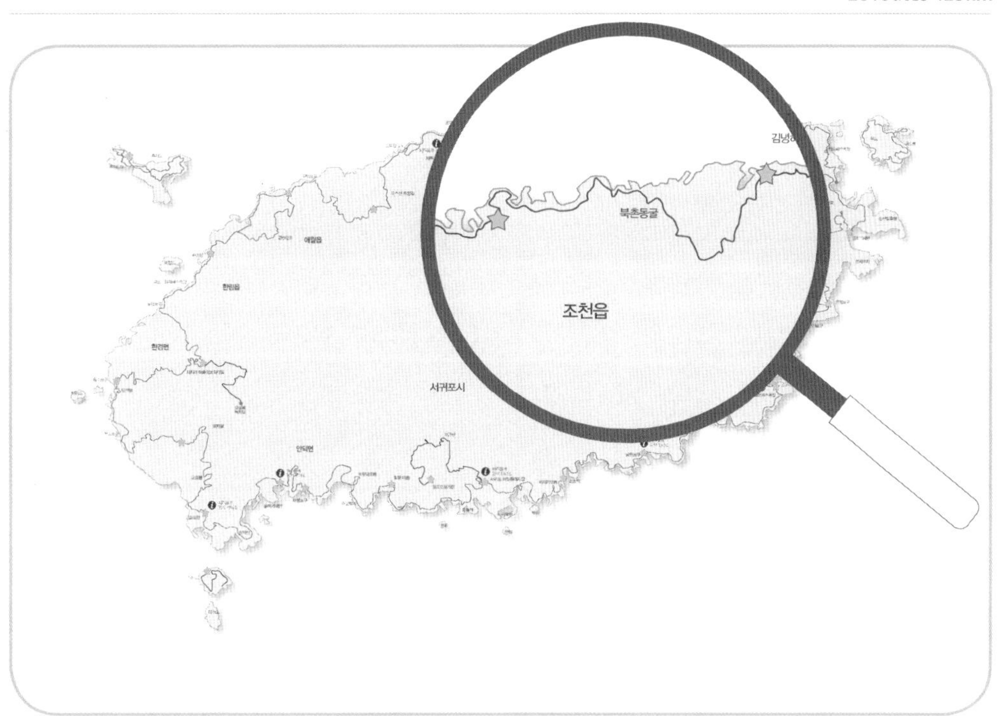

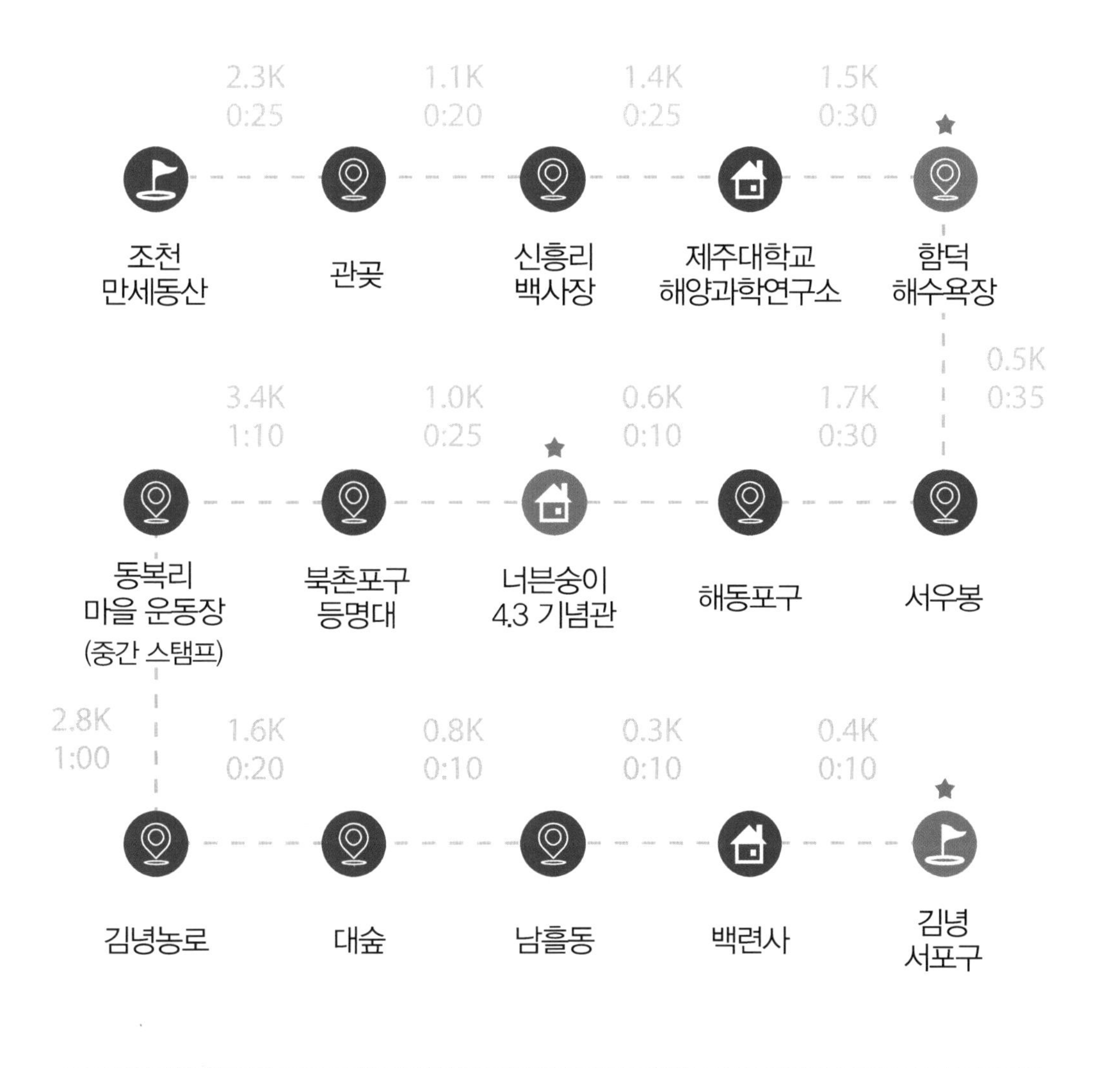

제주올레길 19코스 (조천만세동산~김녕서포구)

제주 4.3 항쟁의 근원지 너븐숭이

너븐숭이, 제주 4.3 사건 당시 북촌리 주민 350여 명이 군경에 의해 학살당한 장소

6시 30분에 한림 서부콜택시를 불러 7시 15분에 제주터미널에 도착했다. '유자삼계탕' 식당에서 북어해장국으로 아침 식사를 한 다음 시외버스를 타고 8시 50분 조천만세동산에 도착했다. 조천만세동산에서 독립유공자비와 제주항일기념관을 관람하고 해안도로를 따라 관곶으

제주항일기념관

관곶, 일명 제주울돌목

신흥리 백사장과 방사탑

로 이동했다. 관곶은 조천포구로 가는 길목에 있는 곳으로 제주에서 해남 땅끝 마을과 가장 가까운 곳이며 제주의 울돌목이라 불릴 만큼 파도가 매우 거센 곳이다. 해안도로를 따라 신흥리 마을로 들어서자 바닷물로 가득 찬 백사장에 방사탑 두 개가 세워져 있었다. 이 방사탑은 마을의 액막이를 위하여 쌓은 돌탑이라고 한다. 신흥리 마을 입구에는 커다란 팽나무 두 그루가 서 있고 그 옆에 마을의 발상지인 쇠물깍이 있었다. 쇠물깍이 바다로 접한 근처에는 이팝나무 자생지가 있었다.

함덕해수욕장과 서우봉

해안가를 따라 좀 더 내려가자 고운 백사장의 아름다운 함덕해수욕장이 나타났다. 에메랄드빛 바다를 품으며 길게 늘어선 해변가에는 숙소와 식당들이 즐비하고 많은 관광객이 북적였다. 함덕해수욕장을 한참

서우봉 오름길에서 바라본 함덕해수욕장

서우봉 일제 동굴진지

거닐다 서우봉으로 올라갔다. 서우봉을 오르면서 내려다본 함덕해수욕장은 해안가로 줄지어 밀려드는 파도로 환상적인 풍경을 자아냈다. 서우봉은 오름의 형상이 마치 바다에서 기어 나오는 무소와 닮았다고 하여 붙여진 이름으로 봄에 노란 유채꽃이 만발하면 경치가 환상적이다. 서우봉 동쪽 기슭에는 일본군이 파놓은 21개의 굴도 남아 있다.

서우봉을 내려와 해동포구를 지나자 너븐숭이 4.3 기념관이 나타났다. 너븐숭이 4.3 기념관은 4.3 사건 당시 가장 큰 피해를 입었던 북촌리 마을의 비극적 역사를 기념하기 위해 세워진 박물관이다. 기념관 앞동산에는 4.3 사건 당시 죽은 어린아이들을 묻은 애기무덤이 있었다. 북촌리 마을은 4.3 사건을 세상에 알린 현기영의 소설 '순이 삼촌'의 배경이 된 곳이자 무고한 시민들이 처참하게 살육당한 참혹한 역사적 현장이었다. 제주 4.3 사건이란 1947년 3월 1일 경찰의 발포를 기점으로 경찰과 서부청년단의 탄압에 대한 저항과 단독선거, 단독정부 반대를 기치로 1948년 4월 3일 남로당 제주도당 무장대가 무장봉기한 이래, 1954년 9월 21일 한라산 금족 지역이 전면 개방될 때까지 무장대와 토벌대 간의 무력 충돌 및 토벌대의 진압 과정에서 수많은 주민이 희생당한 사

해동포구

너븐숭이 4.3 기념관

북촌포구

북촌등명대

건이다. 너븐숭이에서는 440여 명이 학살당했다고 한다. 제주도 전 지역이 4.3 사건의 피해 흔적투성이였다. 우리는 제주올레를 시작하기 전에는 제주 4.3 사건에 대하여 전혀 몰랐는데 이번 기회에 비극적 · 역사적 현장을 경험하게 되니 과거의 무지에 대한 창피로 마음이 착잡했다.

1915년 12월에 세워진 제주 최초의 옛 등대인 북촌등명대의 비석에도 4.3 사건의 흔적인 총탄 자국이 있었다.

북촌포구에서 내륙으로 방향을 틀어 동복새생명교회, 난시빌레, 솔숲 등 곶자왈올레를 지나 동복리 마을 운동장에 도착했다. 이곳에서 중간지점 스탬프를 찍고 잠시 휴식을 취한 다음 벌러진동산을 지나 구불구불한 밭길을 따라 버스 정류장 앞 백련사에 도착했다. 백련사를 지나 바다를 향해 조금 더 걸어가자 19코스 종점인 김녕서포구에 도착했다.

동복리 북촌 풍력발전단지

김녕농로의 유채꽃밭

김녕서포구

김녕서포구, 진돗개 한 마리가 멋진 포즈를 취하고 있다

김녕서포구에서 인증 샷을 찍는데 진돗개 한 마리가 자기도 인증 샷을 찍어달라고 포즈를 취했다.

김녕리 정류장에서 시외버스를 타고 제주터미널로 돌아오는데 버스 승객 중 나이가 지긋하신 할아버지 한 분이 술이 얼큰하게 취해 버스 안에서 시끄럽게 떠들고 있었다. 버스 기사가 할아버지에게 조용히 해달라고 말해도 들은 척도 하지 않고 계속 떠들었다. '조용히 해라, 난 모르겠다' 식으로 서로 옥신각신 말다툼이 계속되자 버스 기사가 화가 머리끝까지 나서 얼굴이 뻘겋게 달아오르기 시작했다. 마치 생오징어를

갓 삶아낸 것처럼… 지금까지 살면서 사람 얼굴이 저렇게 빨게지는 것은 처음 보았다. 이러한 장면을 보고 있노라니 속으로는 우스워 죽겠지만 웃지도 못하고 꾹~ 참느라 혼났다. 제주터미널에 도착해 서귀포행 시외버스로 갈아타고 옹포 사거리에서 하차한 다음 한림의 '흑돼지촌'에서 흑돼지오겹살로 저녁 식사를 맛있게 먹었다. 여러 번 먹어봐도 한림의 맛집으로 손꼽기에 충분한 식당이었다.

김녕 → 하도

'저승에서 벌어 이승에서 쓴다'는 제주 해녀의 강인한 삶

거리(km) 17.6

도보여행일: 2018년 03월 25일
코스개장일: 2012년 05월 26일

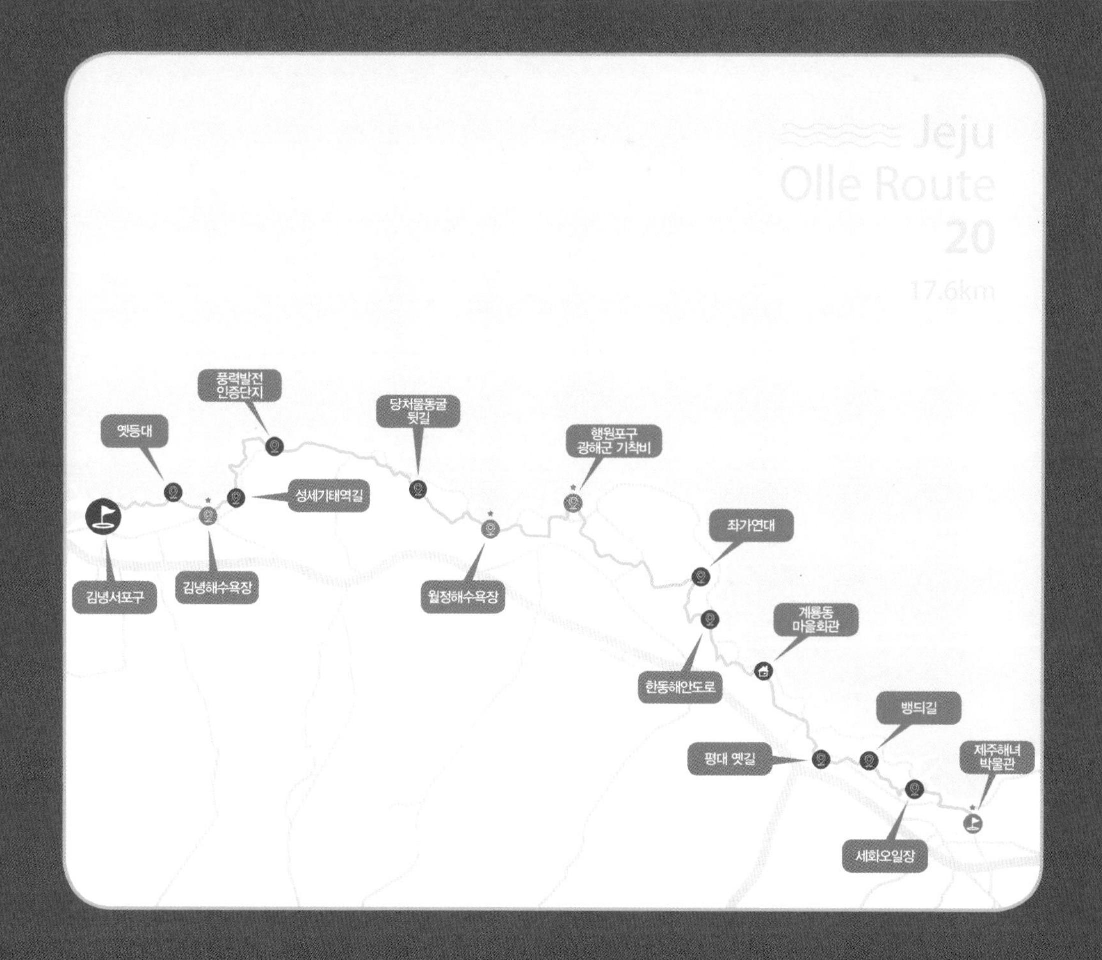

★ 꼭 들러야 할 필수 코스!

김녕해수욕장
세화포구
구좌읍
제주해녀박물관
제주시
애월읍
한림읍
한경면
서귀포시
안덕면
남원읍

1.0K
0:20
0.6K
0:10
0.5K
0:10
1.3K
0:25
김녕서포구
옛등대
김녕
해수욕장
성세기
태역길
풍력발전
인증단지
2.3K
0:35
1.0K
0:15
2.9K
0:45
1.4K
0:30
1.2K
0:20
한동해안
도로
좌가연대
행원포구
광해군 기착비
(중간 스탬프)
월정해변
당처물동굴
뒷길
1.3K
0:25
1.3K
0:25
0.8K
0:10
1.3K
0:25
0.7K
0:10
계룡동
마을회관
평대 옛길
뱅듸길
세화
오일장
제주해녀
박물관

제주올레길 20코스 (김녕서포구~제주해녀박물관)

'저승에서 벌어 이승에서 쓴다'는 제주 해녀의 강인한 삶

김녕 성세기해변의 해녀불턱

김녕 옛등대

한림콜택시를 불러 한림해장국에서 아침 식사를 한 다음 제주터미널에 도착, 동부순환 시내버스로 환승하여 김녕리 정류장에 도착했다. 김녕서포구를 출발해서 김녕 옛등대에 올라 사방을 둘러보기도 하면서 김녕 성세기해변에 도착했다. 에메랄드빛 바다와 우윳빛 백사장, 해안가 검은 바위들로 환상적인 풍경이 연출되었다.

김녕 성세기해변

김녕해수욕장, 모래가 바람에 날리지 않도록 그물망을 씌워 놓았다

돌담체험 테마공원

월정해수욕장

성세기태역길, 해녀불턱을 감상하고 김녕 환해장성과 구불구불한 바닷가 돌담 밭, 풍력발전인증단지를 지나 돌담체험 테마공원에서 제주도의 돌담에 대해 알아본 다음 월정 마을 안길로 접어들어 월정해수욕장에 도착했다. 월정해수욕장의 백사장은 모래가 희고 고와 눈이 부실 지경이었다. 구좌읍 월정리의 '가름물' 식당에서 통오징어 짬뽕으로 점심 식사를 했는데, 가격이 1인분에 15,000원으로 비싸기는 했지만 통오징어가 3마리나 들어 있고 비주얼도 좋고 맛도 일품이었다. 솔직히 혼자 먹기에는 양이 너무 많아 소화하기 힘들었다.

월정해변을 지나 행원포구에 도착하니 조선 15대 임금 광해군이 제주로 유배와 배에서 내렸다는 곳에 '행원포구 광해군 기착비'가 세워져 있었다. 이곳에서 중간지점 스탬프를 찍고 제주구좌농공단지로 가는 길에 주변 밭에서 아주머니들이 싱싱한 당근을 수확하는 장면과 무우들이 풍성하게 자라고 있는 무우밭도 볼 수 있었다. 좌가연대를 지나 고태문로에 도착했다. 6 · 25 전쟁영웅으로 제주도 구좌읍 한동리 태생인 호국영웅 고태문 육군 대위의 충정을 기리기 위해 기념비도 세우고 길 이름도 고태문로라고 지었다고 한다.

행원포구의 광해군 기착지

평대리 당근 수확 광경

평대리 무우밭, 봄인데 무우가 싱싱하다

제주 영웅 고태문 기념비

평대 마을의 평대 옛길과 뱅듸길(돌과 잡풀이 우거진 넓은 들판)을 지나 제주 동부지역에서 가장 큰 재래시장인 세화 민속오일장에 도착했다. 시장을 구경하고 오늘의 종착지인 제주해녀박물관에 도착해 박물관을 관람했다. 제주해녀박물관은 제주 해녀의 삶과 문화를 체계적으로 전시한 곳으로 제주에서는 해녀를 '잠녀'라고도 불렀다. 박물관은 해녀들이 안전과 풍어를 바라며 용왕신에게 기원드리는 해신당과 굿, 물질할 때 입는 옷과 다양한 도구(물안경, 테왁 망사리, 까꾸리 등), 해녀들이 옷을 갈아입고 물질하러 들어갈 준비를 하는 곳이자 작업 중 휴식 공간인 불턱, 또 불턱에서 불을 피워 몸을 녹이는 장면 등 제주 해녀의 삶을 잘 보여주고 있었다. 제주 해녀들의 속담에 '저승에서 벌어 이승에서 쓴다'는 말이 있다고 하는데, 제주 해녀의 강인한 삶을 잘 표현한 말이라고 생각한다.

벵듸고운길

세화해수욕장

하도 → 종달

제주 동쪽 끝 마을 종달바당에서 멈추다

거리(km) 11.3

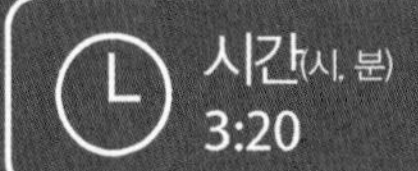

시간(시, 분) 3:20

도보여행일: 2018년 04월 08일
코스개장일: 2012년 11월 24일

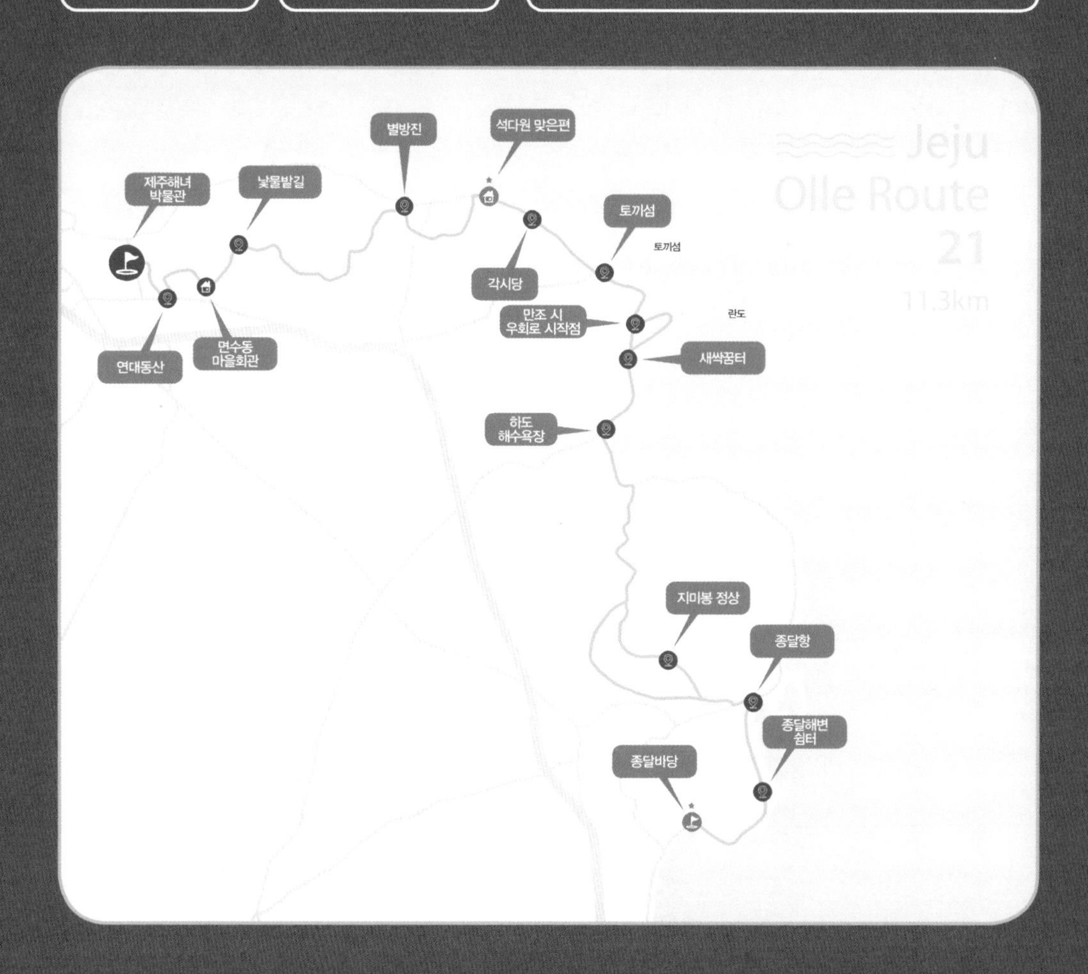

★ 꼭 들러야 할 필수 코스!

Jeju Olle Trail Route Information
26 routes 425km

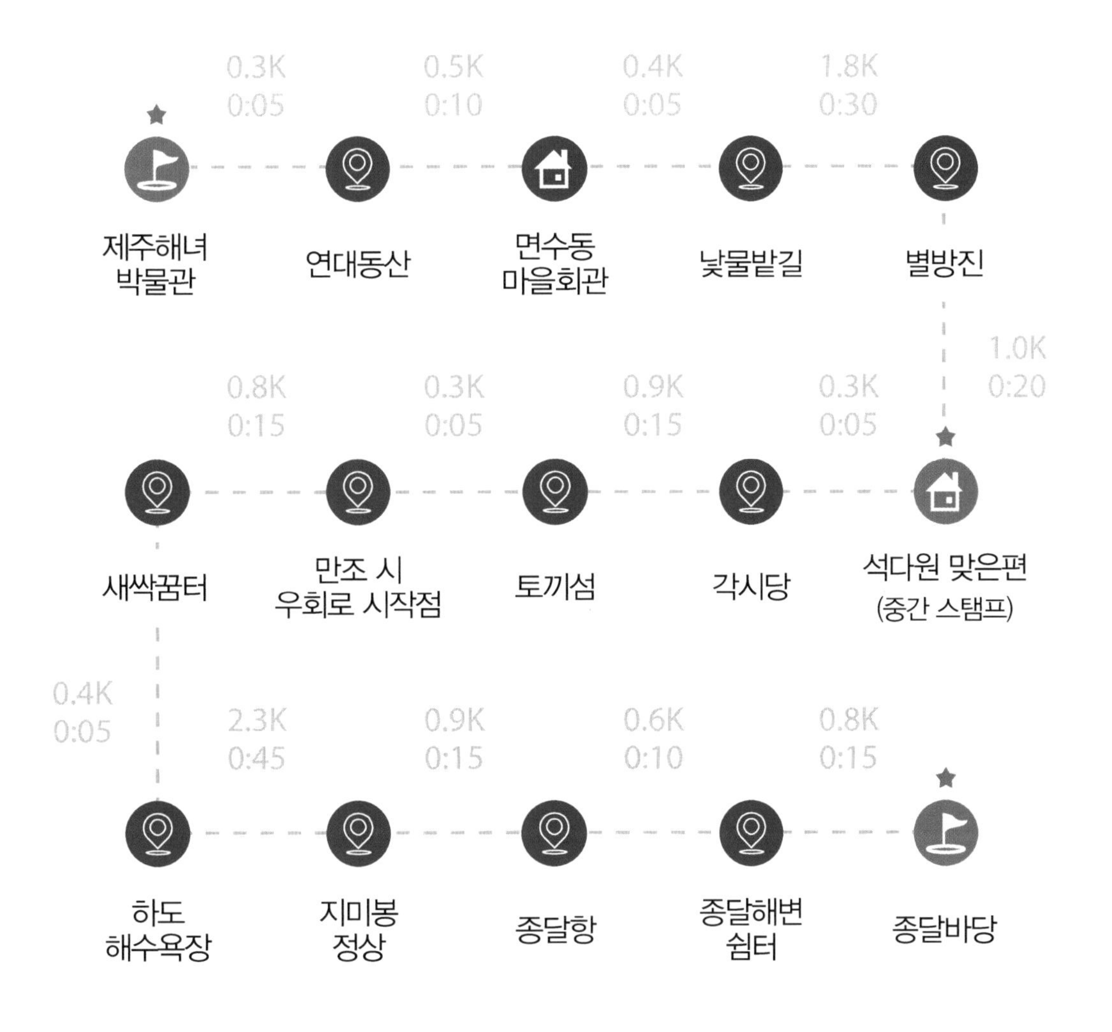

JEJU OLLE ROUTE 21

제주올레길 21코스 (제주해녀박물관~종달바당)

제주 동쪽 끝 마을 종달바당에서 멈추다

종달바당(제21코스 끝나는 지점)

아침 날씨가 화창해서 제주해녀박물관 정원의 풍경이 아름다웠다. 잔디밭에 파릇파릇 올라오는 새싹들을 보면서 언덕을 올라 낯물동네라 불리는 면수동 낯물밭길을 걸었다. 마을 돌담 사이로 만개한 노란 유채꽃이 봄이 왔음을 말해주고 있었다.

제주해녀박물관

제주해녀박물관 내의 해녀불턱

제주해녀박물관 시설배치도

낮물밭길, 별방진의 돌담 사이로 난 길

별방진, 조선시대 왜구의 약탈로부터 방어하기 위해 돌로 쌓은 성

우도에 접근하는 왜구를 물리치기 위해 조선 중기 때 설치했다는 별방진을 지나 2006년 8월 24일 김대중 대통령이 방문하여 해물 손칼국수를 드셨다는 맛집 '석다원'에 도착했다. 석다원 앞에서 중간지점 스탬프를 찍고 해안로를 따라 내려가자 길가에 이동 통제 초소가 서 있었다.

고병원성 조류인플루엔자(AI) 발생 방지를 위해 하도 철새 도래지 인근 올레길인 토끼섬에서 지미봉까지를 통제했다. AI 심각 단계가 풀릴 때까지 통제된다고 해서 문주란 자생지 토끼섬과 제주의 땅끝오름 지미봉 구경은 아쉽지만 다음 기회로 미루었다.

석다원

이동 통제 초소

고병원성 조류인플루엔자(AI) 발생 방지를 위해 토끼섬에서 지미봉 입구까지 출입을 통제했다

철새 도래지 부근을 우회하여 종달항을 찾아가는데 길을 잘못 들어 두 시간 이상 헤맸다. 길을 물어봐도 아는 사람도 없고 나중에는 사람조차 만나기 어려웠다. 간신히 콜택시를 불러 제주도 동쪽 끝 마을인 종달 마을의 앞바다 종달바당에서 제주올레 완보라는 대단원을 마무리했다.

종달리

종달리 철새

비자림

점심 식사 후 비자림으로 갔다. 제주시 구좌읍에 위치한 비자림은 천연기념물 제374호로 지정되어 보호되는 곳으로 약 448m^2의 면적에 500~800년 된 비자나무 2,800여 그루가 자생하고 있는 곳이다. 나무의 높이는 7~14m, 직경은 50~110cm, 수관 폭은 10~15m에 이르는 거목들이 군집한 세계적으로 보기 드문 비자나무 군락지이다. 예로부터 비자나무는 재질이 좋아 고급 가구나 바둑판을 만드는 데 사용했고 비자나무 열매는 구충제로 많이 쓰였다고 한다. 오후 2시 30분, 비자림 입구

비자림 안내도

에서 기념사진을 찍고 울창한 비자나무 숲속을 거닐었다. 나도풍란, 풍란, 콩짜개난, 흑난초, 비자란 등 희귀한 난과 식물도 구경하고 비자나무에서 뿜어져 나오는 상쾌한 비자 향에 흠뻑 취해보니 제주올레 완보를 통하여 쌓였던 몸과 마음의 피로가 한 방에 날아가는 것 같았다.

비자나무(천년수)

비자나무

비자나무

비자나무

비자나무

제주올레 완주를 마치며

완주증서 수료식(최병욱, 최병선)

우리는 지리산둘레길을 완주한 여세를 몰아 2018년 3월 19일에서 4월 18일까지 한 달 동안 제주올레를 완주했다. 비가 오나 바람이 부나 하루도 쉬지 않고 새벽부터 저녁 늦게까지 열심히 걸었다. 쪽빛 바다, 우윳빛 백사장, 해안 기암절벽, 오름, 폭포, 포구, 섬, 어촌 마을 등 제주도의 아름다운 자연을 만끽함과 동시에 제주 4.3 사건 현장과 알뜨르비행장, 일제 동굴진지 등 일제강점기 때의 참혹한 역사적 흔적들을 직접 경험했다. 마침내 제주올레 전체 코스를 완주했고, 한라산도 최장 코스로 등산했으며, 관광 명소 30여 곳도 모두 탐방했다. 2018년 4월 16일 서귀포시의 제주올레 여행자센터에서 많은 올레꾼의 기립 박수를 받으며 제주올레 완주증 수료식을 통해 제주올레 완주증서와 완주 메달을 수령했다.

스톤빌리지

아! 얼마나 가슴 벅찬 순간이었던가! 세상을 다 가진 기분이었다. 인생에서 가장 보람되고 행복한 순간이었다. 진정 형제는 용감했다.

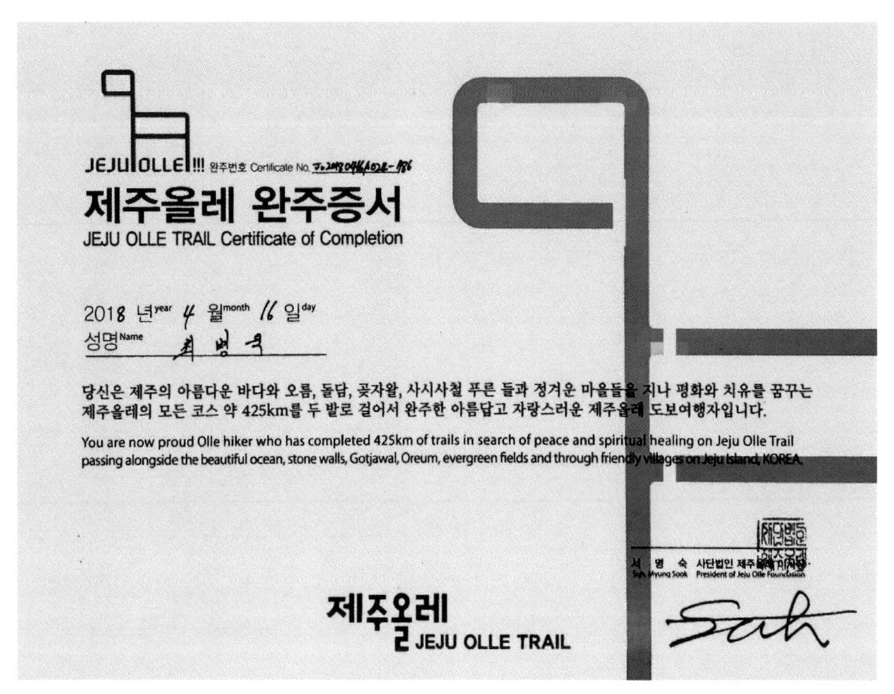

JEJU OLLE!!! 완주번호 Certificate No.

제주올레 완주증서

JEJU OLLE TRAIL Certificate of Completion

2018 년year 4 월month 16 일day

성명Name 최 병 욱

당신은 제주의 아름다운 바다와 오름, 돌담, 곶자왈, 사시사철 푸른 들과 정겨운 마을들을 지나 평화와 치유를 꿈꾸는 제주올레의 모든 코스 약 425km를 두 발로 걸어서 완주한 아름답고 자랑스러운 제주올레 도보여행자입니다.

You are now proud Olle hiker who has completed 425km of trails in search of peace and spiritual healing on Jeju Olle Trail passing alongside the beautiful ocean, stone walls, Gotjawal, Oreum, evergreen fields and through friendly villages on Jeju Island, KOREA.

서 명 숙 사단법인 제주올레 이사장

Suh, Myung Sook President of Jeju Olle Foundation

제주올레 JEJU OLLE TRAIL

완주증서(최병욱)

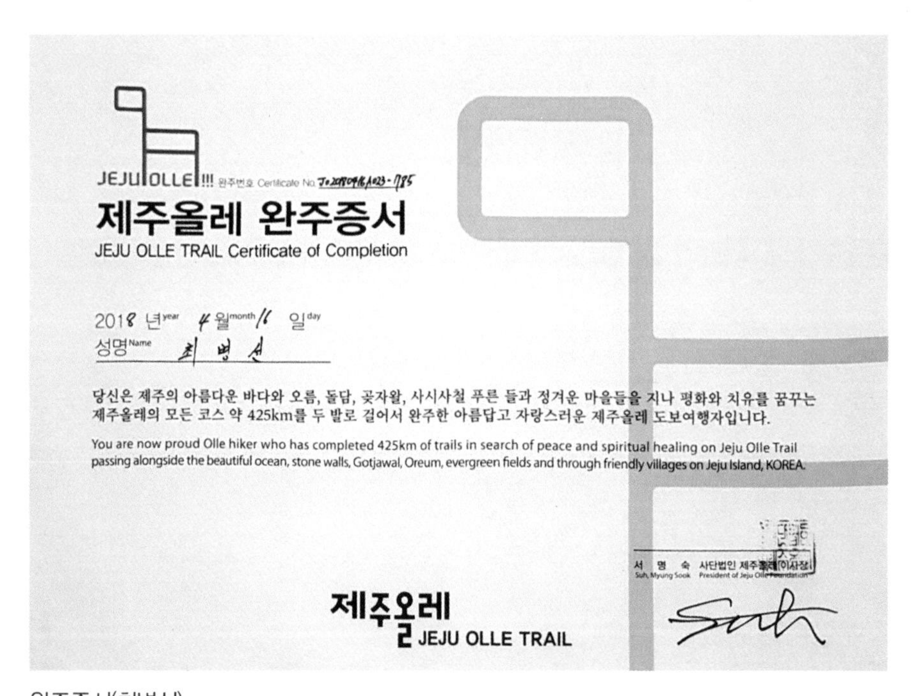

JEJU OLLE!!! 완주번호 Certificate No.

제주올레 완주증서

JEJU OLLE TRAIL Certificate of Completion

2018 년year 4 월month 16 일day

성명Name 최 병 선

당신은 제주의 아름다운 바다와 오름, 돌담, 곶자왈, 사시사철 푸른 들과 정겨운 마을들을 지나 평화와 치유를 꿈꾸는 제주올레의 모든 코스 약 425km를 두 발로 걸어서 완주한 아름답고 자랑스러운 제주올레 도보여행자입니다.

You are now proud Olle hiker who has completed 425km of trails in search of peace and spiritual healing on Jeju Olle Trail passing alongside the beautiful ocean, stone walls, Gotjawal, Oreum, evergreen fields and through friendly villages on Jeju Island, KOREA.

서 명 숙 사단법인 제주올레 이사장

Suh, Myung Sook President of Jeju Olle Foundation

제주올레 JEJU OLLE TRAIL

완주증서(최병선)

완주 메달

완주인증서(제주시 권역)

완주인증서(서귀포시 권역)

1) 제주올레길 코스별 거리 및 소요 시간

코스	올레구간		거리[km]	소요시간	완보일	개장일
1	시흥 – 광치기		15.1	5:00	2018.03.27	2007.09.08
1-1	우도		11.4	4:50	2018.03.26	2009.05.23
2	광치기 – 온평		10.4	4:25	2018.03.28	2008.06.28
3	온평 – 표선	A	20.9	6:50	2018.03.29	2008.09.27
		B	8.0	3:00	2018.03.28	2015.05.23
4	표선 – 남원		19.0	6:30	2018.03.31	2008.10.25
5	남원 – 쇠소깍		14.5	5:00	2018.03.31 2018.04.01	2008.04.26
6	쇠소깍 – 서귀포		11.6	6:25	2018.04.01	2007.10.20
7	서귀포 – 월평		17.6	7:15	2018.04.02 2018.04.04	2007.12.18
7-1	월드컵경기장 – 서귀포		15.0	5:30	2018.04.02	2008.12.27
8	월평 – 대평		19.8	6:45	2018.04.04 2018.04.05	2008.03.22
9	대평 – 화순		7.6	3:10	2018.04.06	2008.04.26
10	화순 – 모슬포		17.5	6:40	2018.04.06	2008.05.23
10-1	가파도		4.2	1:30	2018.04.03	2010.03.28
11	모슬포 – 무릉		17.3	6:20	2018.04.07	2008.11.30
12	무릉 – 용수		17.5	7:20	2018.04.09	2009.03.28
13	용수 – 저지		15.2	5:45	2018.04.12	2009.06.27
14	저지 – 한림		19.2	6:50	2018.04.13	2009.09.26
14-1	저지 – 서광		9.2	3:30	2018.04.12	2010.04.24
15	한림 – 고내	A	16.5	5:05	2018.04.11	2009.12.26
		B	13.7	5:00	2018.04.10	2017.04.22
16	고내 – 광령		15.8	6:20	2018.04.10 2018.04.11	2010.03.27
17	광령 – 제주 원도심		18.6	7:00	2018.04.14	2010.09.25
18	제주 원도심 – 조천		19.4	6:20	2018.03.20 2018.03.21	2011.04.23
18-1	추자도		18.2	7:45	2018.03.23 2018.03.24	2010.06.26
19	조천 – 김녕		19.4	6:20	2018.03.22	2011.09.24
20	김녕 – 하도		17.6	5:05	2018.03.25	2012.05.26
21	하도 – 종달		11.3	3:20	2018.04.08	2012.11.24
계			421.5	154:50		

2) 한 달 동안 탐방한 제주도 관광 명소

구 분	이 름
산, 봉 (20)	한라산, 고근산, 송악산, 산방산, 군산, 사라봉, 원당봉, 서우봉, 대수산봉, 독자봉, 삼매봉, 월라봉, 모슬봉, 지미봉, 녹남봉, 수월봉, 당산봉, 고내봉, 수산봉, 도두봉
오 름 (10)	말미오름, 알오름, 통오름, 제지기오름, 베릿내오름, 섯알오름, 과오름, 저지오름, 문도지오름, 사라오름
관광지 (30)	추자도, 우도, 마라도, 가파도 성산일출봉, 혼인지, 김영갑갤러리, 생각하는 정원, 환상숲 곶자왈, 유리의 성, 큰엉, 쇠소깍, 정방폭포, 엉또폭포, 외돌개, 주상절리대, 천제연폭포, 비자림, 동백동산 습지센터, 섭지코지, 제주해녀박물관, 금산공원, 항몽 유적지, 오설록, 용두암, 관덕정, 건강과 성 박물관, 제주곶자왈도립공원, 사려니 숲길, 에코랜드

3) 우리가 들른 제주올레길 맛집 및 숙소

올레 코스	상호명	전화번호	추천 메뉴	장소
1	기똥차네	064-782-7766	생선회(고등어,참돔)	성산읍 성산리
1	오조해녀의 집	064-784-7789	전복죽	성산읍 오조리
1	아침바다	064-782-7501	문어뚝배기	성산읍 성산리
1	성산호텔	064-782-0077		성산읍 성산리
1-1	로뎀가든	064-756-7078	흑돼지한치주물럭 한라산볶음밥	우도 하고수동해수욕장
2	떠돌이식객	064-782-0505	떠돌이 해물라면	온평포구
3	카페오름	064-784-4554	흑돼지 돈까스	성산읍 삼달로
5	일송회수산	064-764-0094	생선회	남원읍 위미리
8	류차이	064-739-4149	중화요리	서귀포시 대포동
8	사해방	064-738-7775	중화요리	서귀포시 대포동
8	쌍둥이횟집수산	064-762-0478	모듬스페셜	서귀포시 정방동

8	한길한라봉농장	064-739-6396 010-3692-6396	한라봉, 감귤	서귀포시 월평동
10	모앤힐 카페	064-792-3006	문어피자	안덕면 사계리
14	친	064-796-9969	친코스요리(중화요리)	한림읍 협재해수욕장
14	독개물항	064-796-3966	전복뚝배기	한림읍 옹포리
14	한림바다 체험마을	064-796-7535	고등어회, 우럭조림	한림읍 한림리
14	샛별식당	064-796-6670	한식	한림읍 한림리
14	흑돼지촌	064-796-9981	흑돼지오겹살	한림읍 동명리
14	한림해장국	064-796-5142	해장국	한림읍 한림리
15	붉은못 허브팜	064-799-4589	햄버거+라면+콜라	애월읍 애월리
16	바다와 자전거	064-799-1516	돈까스	애월읍 고내포구
17	도두해수파크	064-711-1000	해수욕	제주시 도두1동
17	늘봄흑돼지	064-744-9001	흑돼지 항정살	제주시 노형동
17	돈사돈	064-747-7876	흑돼지	제주시 노형동
17	흑돈가	064-747-0088	흑돼지	제주시 노형동
17	유리네식당	064-748-0890	갈치조림	제주시 연동
18	또오라정식	064-756-7078	한식	제주시외버스터미널
18	용이식당	064-756-2555	오삼두루치기	제주시외버스터미널
18	소낭밭 돼지고을	064-755-7359	흑돼지	제주시 용담1동
18	캐피탈모텔	064-725-6663		제주시외버스터미널
18	오이수산	064-724-3898	은갈치, 고등어	동문시장
18	금메달식당	064-751-5558	갈치조림	동문시장(98번)
18	미풍해장국	064-758-7522	해장국	제주시 삼도2동
18-1	태흥모텔	064-712-5600		상추자도
18-1	오동여식당	064-742-9086	생선회	상추자도
18-1	제일식당	064-742-9333	생선회	상추자도
19	황제 궁	064-783-8586	중화요리	조천읍 남조로
19	대성아귀찜	064-784-0975	아귀찜	조천읍 함덕리
20	가름물	064-782-5780	통오징어짬뽕	구좌읍 월정리